2023年主题出版重点出版物

生态第一课

写给青少年的绿水青山

◎张 聪 主编
◎刘晓瑜 崔 莹 曹玉亭 副主编

中国的山

中国地图出版社
·北京·

图书在版编目（CIP）数据

写给青少年的绿水青山．中国的山 / 张聪主编．--
北京 ：中国地图出版社，2023.12
（生态第一课）
ISBN 978-7-5204-3743-1

Ⅰ．①写… Ⅱ．①张… Ⅲ．①生态环境建设－中国－青少年读物②山－生态环境建设－中国－青少年读物
Ⅳ．① X321.2-49

中国国家版本馆 CIP 数据核字（2023）第 244043 号

SHENGTAI DI-YI KE XIE GEI QINGSHAONIAN DE LYUSHUI QINGSHAN ZHONGGUO DE SHAN

生态第一课 · 写给青少年的绿水青山 · 中国的山

出版发行	中国地图出版社	邮政编码	100054
社　　址	北京市西城区白纸坊西街 3 号	网　　址	www.sinomaps.com
电　　话	010-83490076　83495213	经　　销	新华书店
印　　刷	河北环京美印刷有限公司	印　　张	8.75
成品规格	185 mm × 260 mm		
版　　次	2023 年 12 月第 1 版	印　　次	2023 年 12 月河北第 1 次印刷
定　　价	39.80 元		
书　　号	ISBN 978-7-5204-3743-1		
审 图 号	GS 京（2023）2032 号		

本书中国国界线系按照中国地图出版社 1989 年出版的 1:400 万《中华人民共和国地形图》绘制。

本书中有个别图片，我们经多方努力仍未能与作者取得联系。烦请作者及时联系我们，以便支付相关费用。

李　琳　李洁敏　连　冰　杨海燕　杜春燕
岳　颖　周　勇　赵胜楠　赵鹏飞　赵中宝
相振群　郭莲花　夏　青　卿远昭　秦　悦
戴意蕴

《中国的山》编辑部

策　　划　孙　水
统　　筹　孙　水　李　铮
责任编辑　朱晓晓
编　　辑　葛安玲　李　铮　张　瑜
插画绘制　原琳颖　王荷芳
装帧设计　徐　莹　风尚境界
图片提供　视觉中国

前　言

生态文明建设关乎国家富强，关乎民族复兴，关乎人民幸福。纵观人类发展史和文明演进史，生态兴则文明兴，生态衰则文明衰。党的十八大以来，以习近平同志为核心的党中央以前所未有的力度抓生态文明建设，将生态文明建设纳入中国特色社会主义事业“五位一体”总体布局，建设美丽中国已经成为中国人民心向往之的奋斗目标。生态文明是人民群众共同参与共同建设共同享有的事业，每个人都是生态环境的保护者、建设者、受益者。

生态文明教育是建设人与自然和谐共生的现代化的重要支撑，也是树立和践行社会主义生态文明观的有效助力。其中，加强青少年生态文明教育尤为重要。青少年不仅是中国生态文明建设的生力军，更是建设美丽中国的实践者、推动者。在青少年世界观、人生观和价值观形成的关键时期，只有把生态文明教育做好做实，才能为未来培养具有生态文明价值观和实践能力的建设者和接班人。

为贯彻落实习近平生态文明思想，扎实推进生态文明建设，培养具有生态意识、生态智慧、生态行为的新时代青少年，我们编写了这套《生态第一课 · 写给青少年的绿水青山》丛书。

丛书以“山水林田湖草是生命共同体”的理念为指导，分为 8 册，按照山、水、林、田、湖、草、沙、海的顺序，多维度、全景式地展示我国自然资源要素的分布与变化、特征与原理、开发与利用，介绍我国生态文明建设的历

史和现状、问题和措施、成效和展望，同时阐释这些自然资源要素承载的历史文化及其中所蕴含的生态文明理念，知识丰富，图文并茂，生动有趣，可读性强，能够让青少年深刻领悟到山水林田湖草沙是不可分割的整体，从而有助于青少年将人与自然和谐共生的理念和节约资源、保护环境的意识内化于心，外化于行。

人出生于世间，存于世间，依靠自然而生存，认识自然生态便是人生的第一课。策划出版这套丛书，有助于我们开展生态文明教育，引导青少年在学中行，行中悟，既要懂道理，又要做道理的实践者，将“绿水青山就是金山银山”的理念深植于心，为共同建设美丽中国打下坚实的基础。

这套丛书的编写得到了中国地质科学院地质研究所、中国水利水电科学研究院、中国水资源战略研究会暨全球水伙伴中国委员会、中国科学院植物研究所、农业农村部耕地质量监测保护中心、中国科学院南京地理与湖泊研究所、中国地质大学（武汉）地理与信息工程学院、自然资源部第二海洋研究所等单位的大力支持，在此谨向所有支持和帮助过本套丛书编写的单位、领导和专家表示诚挚的感谢。

本书编委会

图 例

符号	说明	符号	说明
★北京	首都		海岸线
⊙成都	省级行政中心		河流、湖泊
○丽江	城镇		时令河、时令湖
未定	国界		运河
	省级界	▲	山峰
	特别行政区界		

目录

第一章　层峦叠嶂中华山

第二章　寻根溯源山演化

第三章　江山如此多娇

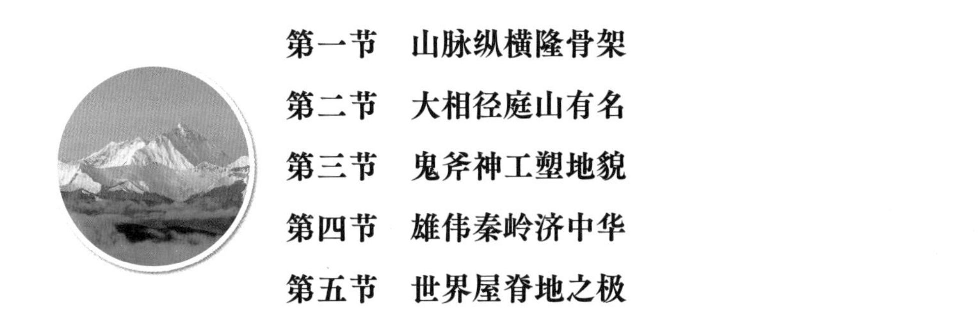

第四章　山容万物资源多

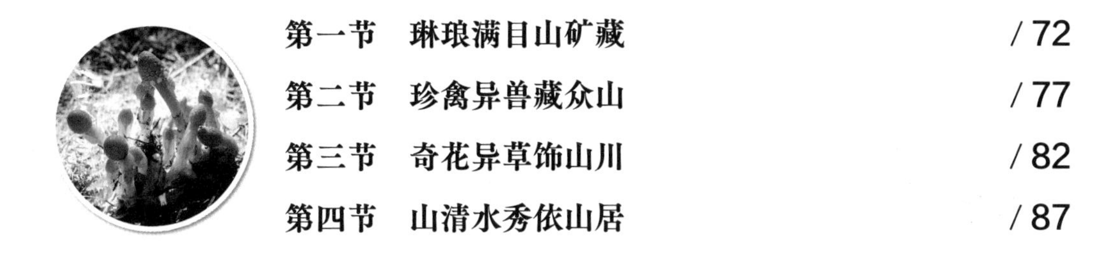

第五章 钟灵毓秀山中藏

第六章 青山依旧笑春风

第一章 层峦叠嶂中华山

“层峦叠嶂”这一成语形容山峰多而险峻，是对大山这一自然景观的生动描写。纵观中华五千年的文明史，不难发现，中国人与山有着不解之缘。中国古代神话故事中的仙山至今都被人津津乐道，古今文人墨客也留下了诸多有关山的诗句。可以说，山丰富了无数中国人的精神世界。

第一节　锦绣名山扬神州

山凝聚了天地间的灵气，也一直被人们崇拜着。在古代，由于生产力水平低下，人对大自然的认知有很大的局限性，故而产生了种类繁多的自然神崇拜，包括对日神、月神、山神、水神的崇拜等。在众多的自然神崇拜中，人们对山神有着不一般的敬畏。

朝出东海寻仙山

鲁迅先生在《故事新编》的《补天》一篇中曾写过秦始皇派遣方士寻找仙山。传说在公元前 219 年，秦始皇为了求长生不老之术，曾派徐福率领数千名童男童女前往东海寻仙问药。

从“仙”这个汉字的构成来看，“人”和“山”组成了“仙”，也可以看出“仙”与“山”的关系之密切。《说文解字》中对“仙”字的解说为:“长生仙去。”段玉裁《说文解字注》引《释名》曰:“老而不死曰仙。仙，迁也，迁入山也。故其制字人旁作山也。”由此可见，神仙总是与山有着密切的联系。

三山五岳传古今

中国人谈及山，必称“三山五岳”。“三山”有一种说法，指的是喜马拉雅山脉、昆仑山脉、天山山脉。但现今常说的“新三山”是指安徽黄山、江西庐山、浙江雁荡山。“三山”还有一种说法，就是道教传说中的

五岳独尊——泰山

海上“三神山”，此三神山就是秦始皇让方士徐福去寻找的三座仙山：蓬莱、瀛洲、方丈。因为这三座山是传说中神仙居住的地方，所以格外让古人神往。

“五岳”则是中华大地上五座名山的总称。“五岳之首”泰山，自古便被视为“直通帝座”的地方，成为百姓崇拜、帝王告祭的神山，有“泰山安，四海皆安”的说法。

《山海经》中的山

山在地理学著作中也有记载。其中《山海经》不仅描写了上古神话中的诸神异兽，还提到了遍布于中华大地之上的名山大川。《山海经》一共记载了 400 多座大山。作为一部中国古代人文神话地理著作，《山海经》体现了古人对山的崇拜和信仰。其中，“昆仑山”被塑造成了仙界殿堂，此后的诸多典籍都称昆仑山为一座神山，人登之即可不死。在中国古代神话中，山

昆仑山

还可以作为登天的工具，甚至被称为“天梯”。也就是说，通过登山，可以通达上天，接触神灵。

中国的山雄伟壮美，不仅给人们提供了天然景观，令人心旷神怡，而且给人们带来了精神信仰。

探索与实践

1. 赏析与山有关的经典古诗词。
2. 开展一次游览中国“五岳”的研学旅行。

第二节　巍巍众山相依存

追溯中华民族的历史文明，随处可见“山”的身影。天子在名山上封禅祭祀，文人在深山里隐居漫游，百姓在山林间精耕细作……中国人在山里进行的各种活动体现了中华民族不畏艰险、勤劳勇敢的民族精神。

有求必应，崇山有灵

先民们认为，山是产生风雨的源头。与人们耕耘收获息息相关的雨水，由山神司管。《礼记·祭法》中所说的“山林、川谷、丘陵，能出云，为风雨”就阐释了这一点。因此，“靠天吃饭”的先民们总是带着虔诚的敬畏之心，祭祀山神，祈求风调雨顺，五谷丰登。

古代的皇帝，对于名山也有执着的偏爱。“封禅”是指古代帝王为表明自己受命于天所举行的祭祀天地的典礼，一般由帝王亲自到泰山上举行。公元前 221 年，中国历史上第一个中央集权君主专制的统一王朝——秦朝建立。公元前 219 年，秦始皇率领文武大臣及儒生等人，到泰山举行封禅大典。自从秦始皇封禅之后，泰山封禅成为历代帝王的政治梦想。秦汉以后，泰山在五岳中独尊，帝王以封禅泰山为“告成天下”的重大标志。

帝王们通过在泰山上封禅，一方面表示帝王受命于天，即“王命天授”，以巩固其统治地位；另一方面，则是要向上天汇报其政绩，表明当下的太平盛况，同时答谢上天的佑护。

名山成了有灵性的、能够满足人们各种愿望的存在。于是，人们举行各种祭祀活动，民间流传出各种关于山的神话故事。对山的崇拜和祭祀，包含着人们克服困难的决心及对美好生活的向往。

道教名山——武当山

胸有丘壑，吟咏山川

山在人们心中是别有一番风味的。

“会当凌绝顶，一览众山小”“西北天谁补，此山作柱擎”，山接纳了人们的凌云壮志，赋予志士青史留名的机遇；“不识庐山真面目，只缘身在此山中”“而世之奇伟、瑰怪，非常之观，常在于险远，而人之所罕至焉”，山征服了桀骜不羁的灵魂，给予文人志士以指点迷津的顿悟；“采菊东篱下，悠然见南山”“山光悦鸟性，潭影空人心”，山淡化了世人对红尘名利的欲望。山以其博大的胸怀，将人们的情与志相融，升华了身在山中之人的灵魂。

庐山

文人大家对于山的喜爱，不仅体现在作品中，还践行在整个生命历程里。中国古代山水派代表诗人谢灵运，就是一位痴迷登山的旅行家。谢灵运在旅行中，经常选择一些奇险、陡峻的山峰作为自己的目标，被称为“古代攀岩运动的先行者”。“五岳寻仙不辞远，一生好入名山游”，李白除短暂的官场生涯外，几乎一生都在旅途中度过，祖国的名山大川处处留有他的足迹。西汉史学家司马迁为了“网罗天下放失旧闻”，弥补读书学习的不足，到各地实地考察，获取了第一手可靠的历史资料，才成就了“史家之绝唱，无韵之离骚”的《史记》……

游历山川是许多文人重要的生命体验。在漫游的过程中，他们寻找各自的人生方向，生出对生命的多重感悟，并将这一切，用诗、词等形式留给后人。吟咏山川，是文人笔下永恒的主题。

相依共存，苍山多情

在古代，山为人们提供了生活物资，也为人们提供了精神依靠。那么，在人们有更多的途径去获取生活物资，有更多的方式去排遣情绪，也不再迷信于超自然能力的今天，人与山的关系是否就此割裂了呢？

人与山的关系并未就此割裂。崇山巍巍，山傲然屹立在时间的长河里，似乎不曾改变；但是，人与山的关系，却随着人们生产、生活方式的转变而不断变化。

拓展阅读

简文入华林园，顾谓左右曰："会心处，不必在远，翳然林水，便自有濠、濮间想也，觉鸟兽禽鱼自来亲人。"——《世说新语·言语》

【译文】简文帝进华林园游玩，回头对随从说："令人心领神会的地方不一定很远，林木蔽空，山水掩映，就自然会让人产生庄周游戏于濠水之上、垂钓于濮水之间那样悠然自得的感受，觉得鸟兽禽鱼自己会来亲近人。"

第三节　瑰丽奇山寄深情

中国的山瑰丽巍峨，处处是风景。中国人以山为载体，将心中浓烈的情感表达出来，如雕刻岩画等。千百年后，这些不朽的有关山的文化，成为古人在世间的代言人，向今人诉说着过往历史，让今人惊叹于它的厚重。

岩画——刻山表意

在文字发明以前，人类是如何记录事情的？又记录在哪里呢？人类祖先在岩石上雕刻或涂画，来记录他们的生产方式和生活内容，以及他们的想象和愿望，这就是人类最早的记事方式之一——岩画。岩画是真实再现当时人们的物质生活和精神世界的“活化石”，是后人研究人类祖先重要的史料。

岩画是人类最古老的艺术形式之一。中国岩画分为南北两种风格，北系岩画大都是刻制的，如贺兰山岩画；南系岩画大都以红色颜料涂绘，

中国北系岩画代表：贺兰山岩画

中国南系岩画代表：广西左江花山岩画

如广西花山岩画。南系岩画的颜料是由赤铁矿粉调和牛血等制成，这种颜料附着性强，渗入岩面后与岩壁浑然一体，而且具有很好的耐腐蚀性，色彩稳定，经久不变。

2016 年，广西左江花山岩画文化景观被列入《世界遗产名录》，其以作画难度大、画面雄伟壮观震惊中外，具有深刻的艺术内涵和重要的考古、科研价值。

拓展阅读　广西左江花山岩画文化景观

广西左江花山岩画涂绘在临江的崖壁上，总长 221 米，高 40 多米，面积 8000 多平方米，数千个赭红色的人像、物像组合成各式各样、生动形象的画面，画面中的人们或欢歌狂舞，或行军打仗，或围栏狩猎……这些图案是什么人在什么时间留下的？他们为何要在陡如斧削的崖壁上绘制这些神秘的图案？

崖壁之上的花山岩画

据专家考证，广西左江花山岩画的绘制年代为战国至东汉，岩画的主人就是生活于此的壮族先民骆越人。骆越人冒着生命危险，用绳索将自己吊在崖壁之上，绘制出一个又一个栩栩如生的图案。

以山为载体的岩画艺术，可以言事，它集文化、艺术于一身。千年之后，当现代人驻足在这些岩画前时，仿佛看到了先民们栉风沐雨的生活，流逝的历史在这一刻变得有迹可循。

石窟——塑山付心

石窟，是人们依山势开凿的寺庙建筑。中国的石窟艺术吸收了外来艺术精华，又融合了中国独特的文化艺术与审美，还珍藏了宗教、建筑、书法、美术、音乐、服饰等方面的资料，具有极高的历史和艺术文化价值，同时也折射出中国人向往美好生活的精神追求和伟大的创造能力。

莫高窟是世界上现存规模最宏大、保存最完好的佛教艺术宝库，在1987 年被列为世界遗产。

当人们置身于依山开凿的石窟中时，会顿觉气势磅礴，无比震撼。于是，人们仿佛豁然间抛却了世间一切的烦恼，得到了心灵的解脱。

莫高窟

拓展阅读 **莫高窟**

莫高窟，又称为“千佛洞”，位于甘肃敦煌东南25千米处的鸣沙山东麓崖壁上，石窟内有大量的佛教造像。

莫高窟，在绵延1600多米长的崖壁上保存了735个洞窟、45000平方米壁画、3000余身彩塑和5座唐宋木构窟檐建筑。除此之外，还有在藏经洞里发现的50000多件文献及各种文物，其中有大量绢画、版画、刺绣和书法作品。

茫茫戈壁滩上，莫高窟静默于断崖之上，见证过这片土地辉煌的历史，也将见证这片土地光明的未来。

山水画——绘山寄情

古人绘山寄情，所以中国山水画是中国人情感中厚重的沉淀，给了人们情感寄托。以山川自然景观为主要描绘对象的中国山水画，形成于魏晋南北朝时期，北宋时趋于成熟，经过历史的沉淀，今天已成为中国艺术瑰宝的重要组成部分。

早期的山水画起源于人们对自然山水的热爱。之后，“晋人向外发现了自然，向内发现了自己的深情”，于是山水画不仅是对自然山水的再现，更倾注了画家的思想和感情，是画家人生态度的表达和对人生追求的体现。如黄公望将自己的情感寄托在他的《富春山居图》中。

文人绘山寄情，他们在用笔墨描摹山水之际，倾吐出内心无限的情感，找到了精神慰藉。

古往今来，无数文人隐居大山深处。山在中国人心中早已不再是简单的自然景观，它吸引着人们在它身上寻求精神慰藉。山可表意、可付心、可寄情，它包容着人类内心的种种情感。

《富春山居图》

拓展阅读　黄公望

黄公望被誉为“元代画坛之首”，其巨作《富春山居图》是中国山水画史上的巅峰之作，是中国十大传世名画之一。

黄公望之所以在山水画上取得如此高的成就，与他自身的经历密切相关。他幼年父母双亡，青年不得志，中年入狱，所遭遇的苦难非一般人所能承受。后来，黄公望寄情于山水，在山水之乐中找到生命的意义，将自我情感融入山水画中。

第四节　翻山越岭贯古今

中国的山承载着中华民族深厚的文化与历史，同时也给予了中国人很多的智慧和灵感。山对于一个国家经济和文化的影响非常深远。在古代的茶马古道和丝绸之路上，人们曾翻越崇山峻岭，将中华文明带向世界。

茶马古道穿越崇山峻岭

茶马古道从横断山脉东侧的云南和四川开始，穿过横断山脉和金沙江、澜沧江、雅砻江等大江大河，西向拉萨，最后通向南亚次大陆。它是以滇、藏、川三省地带为中心，伸向中国内地、印度、东南亚的古代文明古道。

茶马古道是世界上最高、最险峻、环境最为恶劣的古道。古道沿线的地势差异较大，地质结构复杂，途经之地大部分是高山峡谷和急流险滩。高海拔是茶马古道最显著的特征，茶马古道沿线海拔大多处于2000 ~ 5000米。茶马古道的另一个显著特征是险峻，由于古道穿梭在各山脉之间，大部分的道路极其狭窄，且随处可见断崖绝壁。

茶马古道

天山山脉

丝绸之路翻越漫漫雪山

丝绸之路是古代亚欧大陆各文明区域之间的交通路线。在这个世界性文化交流与沟通的路线中，天山山脉具有重要的地位。

天山山脉是亚欧大陆最大的山系之一，横亘在亚洲腹地。天山山脉东西长约 2500 千米，南北宽度在 250 ~ 350 千米，在我国新疆境内长 1700 多千米。

天山山脉从帕米尔高原北端延伸至亚洲腹地中心，以最高峰——托木尔峰（海拔 7443 米）为首，其他诸如博格达峰、汗腾格里峰等山峰并肩形成一个巨大的地理屏障。汇集众多峡谷溪水的河流在天山山麓两侧的荒漠中孕育了大小不等、数量不一的绿洲，这些绿洲成为这条巨型山脉身侧涵养生命、孕育文明的草原地带。

“一带一路”跨越万水千山

“一带一路”是“丝绸之路经济带”和“21 世纪海上丝绸之路”的简称。2013 年 9 月和 10 月，中国国家主席习近平先后提出共建“丝绸之路经济带”和“21 世纪海上丝绸之路”。目前，中国已与 150 多个国家、30 多个国际组织签署了 200 多份共建“一带一路”合作文件。

纵览中国的发展历程，无论是古代的茶马古道，还是丝绸之路，抑或是如今的“一带一路”，在这些通往世界贸易的发展道路上，人们都跨越了无数座高山。

拓展阅读　中尼铁路——穿越喜马拉雅山修铁路

中尼铁路是继中老铁路之后，我国的又一条跨境铁路大通道。根据规划，中尼铁路从我国的西藏自治区日喀则市经吉隆镇，直通尼泊尔首都加德满都，该铁路在我国境内长 443.8 千米，境外长约 90 千米。未来，中尼铁路有望继续延伸，向南穿越尼泊尔，直达孟加拉湾。

探索与实践

查阅“一带一路”建设过程中与山有关的重大事件。

第二章 寻根溯源山演化

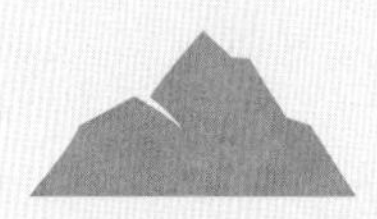

“横看成岭侧成峰，远近高低各不同”，这是苏轼在《题西林壁》中对庐山的描写。诗中的庐山在不同视角下，或山岭绵延起伏，或山峰高耸林立，呈现出丰富多样的景观。同一座山尚且如此，那么不同的山之间更是从外表形态到内里构造都有所不同，甚至每一座山、每一块岩石，都各具特点。人们在观赏、赞叹山的同时，也在探索着它们的成因。随着科学技术的发展，山的形成与演化过程、地球生物演变和发展的奥秘被进一步揭开。

第一节　翻天覆地造山成

地球诞生于46亿年前，那么，遍布全球的山是否也有46亿岁的高龄？其实不是。地质学家告诉我们，山是经过了一次次翻天覆地的“造山运动”后才得以形成的。宋代的《朱子语类》中有这样的记载：“高山有螺蚌壳，或生石中。此石即旧日之土，螺蚌即水中之物。”人们在高山上发现水生生物的遗迹，说明那时人们就已经发现山是地球“后天运动”的产物。那么，地球到底是怎么“造山”的呢？究竟是怎样的“运动”创造了这样的自然奇迹？

从山的“褶皱”说起

褶皱山形成的原理

山千姿百态，其中有一类山的内部，岩层弯弯曲曲，像极了皱纹。地质学家给它们起了一个非常形象的名字——褶皱。工业革命时期，为了满足巨大的能源需求，人们大规模开山采矿，之后，山体中岩层的褶皱越来越多地显露出来，人们发现具有这种岩层结构的山在世界各地都很常见。褶皱的普遍存在让人不禁联想到它的成因。如果把一本书从两边向中间推，书页也会弯曲形成类似褶皱的形态，所以这些地表的褶皱很可能是岩层被挤压所形成的。如果山真的可以被“挤”出来，那么，是什么力量挤压的呢？

早期的地质学家们也有同样的疑惑，在不断地进行地质考察和研究后，他们有了一个重要发现：板块的运动可以解释陆地上山脉的形成。板块是什么？板块构造学说认为，地球表面的岩石圈不是一个整体，而是分裂成许多大大小小的块体，这就是板块。板块“漂浮”在地球软流圈上，当板块之间相向运动，不断靠近、挤压、碰撞，山脉也就逐渐形成了。

知识速递

地球由外到内可以分为地壳、地幔、地核三个基本圈层（见下图），地壳是最外层，由坚硬的岩石组成，山脉就属于地壳部分。地幔主要由固态物质组成，分为上地幔和下地幔。上地幔的上部存在一个软流圈，温度很高，岩石部分熔融，能缓慢流动。上地幔顶部与地壳都由坚硬的岩石组成，合称岩石圈。

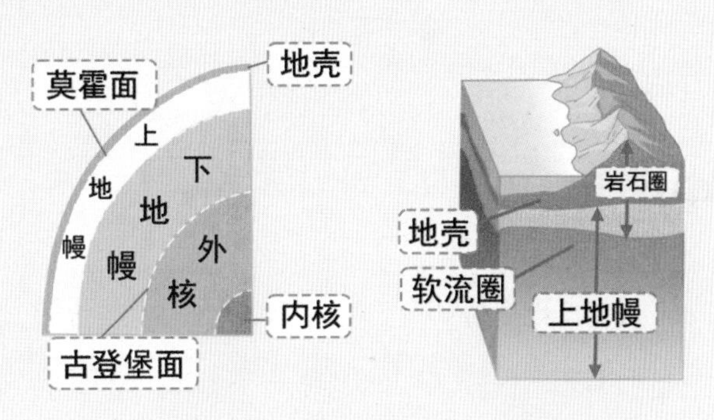

地球内部圈层结构示意图

山在“碰撞”中隆升

当两个大陆板块汇聚时，坚硬的岩石在持续的碰撞、挤压下，会发生强烈变形，水平方向会被挤压缩短，垂直方向会隆升加高，山脉逐渐耸起，在这个过程中岩层也就出现了褶皱。有的岩层则在巨大的压力下不堪重负，发生断裂，然后进一步被抬升。这便是地球上的一种典型的造山运动——碰撞造山。欧洲的阿尔卑斯山脉，美洲的落基山脉、安第斯山脉，亚洲的喜马拉雅山脉等都是经过了剧烈而漫长的造山运动后才形成的。

断层山

山在“增生”中堆积

当大洋板块和大陆板块碰撞时，因为大洋板块的密度更大，所以会在压力之下紧贴着大陆板块向下俯冲。想象一下这个过程会发生什么？如果把上面的大陆板块看作一台巨大的推土机，那么板块前缘就像是推土机的“推土板”。随着下面大洋板块的俯冲，“推土板”所到之处，大洋板块的沉积物、表层的岩石，甚至一些火山、海岛等都被“刮”起来，依次在大陆板块的边缘堆积起来，成为山脉的重要组成部分。这便是另一种造山运动——增生造山。

有“北美洲脊骨”之称的落基山脉是太平洋板块俯冲到美洲板块之下形成的。有人会产生疑惑，难道落基山脉不是碰撞后形成的吗？其实，无论是大洋板块还是大陆板块，只要两个板块汇聚、挤压，都会有不同程度的俯冲、碰撞和增生，只是不同阶段的主要作用不同。在太平洋板块持续向美洲

落基山脉景观

板块俯冲的过程中，强烈的碰撞挤压也对落基山脉的隆起起到了决定性的作用。除此之外，当岩石在地下受到高温、高压作用的影响时，还会出现变质甚至熔融，灼热的岩浆从薄弱的地表喷出，冷却形成新的岩石，变厚的岩层也让山脉进一步“生长”。

在经历了复杂的造山运动后，人们才得以看到今天地球上蔚为壮观的山脉。

第二节　沧海桑田山演变

人们常用成语“沧海桑田”来形容世事变化很大。晋朝葛洪《神仙传·麻姑》中记载，仙女麻姑曾“见东海三为桑田”，这是中国典籍中第一次出现海洋和陆地演变的记载。

三叶虫是较有代表性的远古生物，生活在5亿多年前的浅海中。在太行山东麓，地质学家发现了三叶虫化石。据此可以推测，太行山东麓曾经是一片汪洋大海。这是“沧海桑田”的鲜活例证。

我们现在知道，“沧海桑田”是一种自然现象。其实，每一座山的形成，每一片海的演变，都需要经过漫长的地质年代。那么，“沧海”究竟如何变成“桑田”？科学家又是如何发现这种现象的呢？

“无独有偶”的大陆

如果人们仔细观察墙上的世界地图，就会发现有些大陆之间并不是完全没有关联的。大西洋两岸的轮廓很相似，南美洲东岸与非洲西岸几乎可以完美拼合。继续仔细观察，人们还会发现非洲大陆凹陷的部分与南美洲大陆凸出的部分几乎是吻合的。把两个大洲从世界地图上剪下来，它们几乎可以拼合成一块完整的陆地。

这种现象早在100多年前就有人发现了。1910年的一天，年轻的德国气象学家魏格纳因病住院，病房的墙上恰好挂有一幅以大西洋为中心的世界地图。魏格纳在看这幅地图时，一个念头突然掠过他的脑海：非洲大陆与南美洲大陆会不会曾经是一体的？大西洋会不会曾经都不存在？经过实地考察和严格的理论推演，魏格纳提出了大陆漂移学说。

移山拔海陆漂移

魏格纳的大陆漂移学说认为，世界上的各大洲在2亿年前是一块巨大的完整大陆。后来，古大陆开始逐渐分裂成若干块，并缓慢地漂移分离。美洲离开了亚欧大陆，中间形成了大西洋。非洲与南亚次大陆分开，中间形成了印度洋。南极洲、澳大利亚则向南移动，形成了今天的南极洲和澳大利亚。

有三个证据支持魏格纳的大陆漂移学说，分别是南美洲东岸和非洲西岸的轮廓线具有相似性、两个大洲的地质构造具有高度一致性、两个大洲在动植物及化石方面存在极大的相关性。

支持魏格纳大陆漂移学说的三个证据

魏格纳的大陆漂移学说解释了地球海陆分布的演变历史，推动了人们对地球本身的认知。如同达尔文提出进化论一样，“大陆漂移学说”开创了地质科学研究的新时代，对促进地质科学发展有着积极意义，为后来海底扩张学说和板块构造学说的兴起奠定了基础。

板块构造细分说

随着科学的进步，地质学家又提出了海底扩张学说，并在大陆漂移学说和海底扩张学说的基础之上，综合提出了“板块构造学说”。根据板块构造学说，地壳不是一块“钢板”，而是被高高隆起的山脉、横亘大陆的裂谷、绵延起伏的海岭和海沟等分割成亚欧板块、非洲板块、美洲板块、太平洋板块、印度洋板块和南极洲板块六大板块。这些板块漂浮在主要由熔融状态的岩浆构成的软流圈之上，处于不断运动之中。

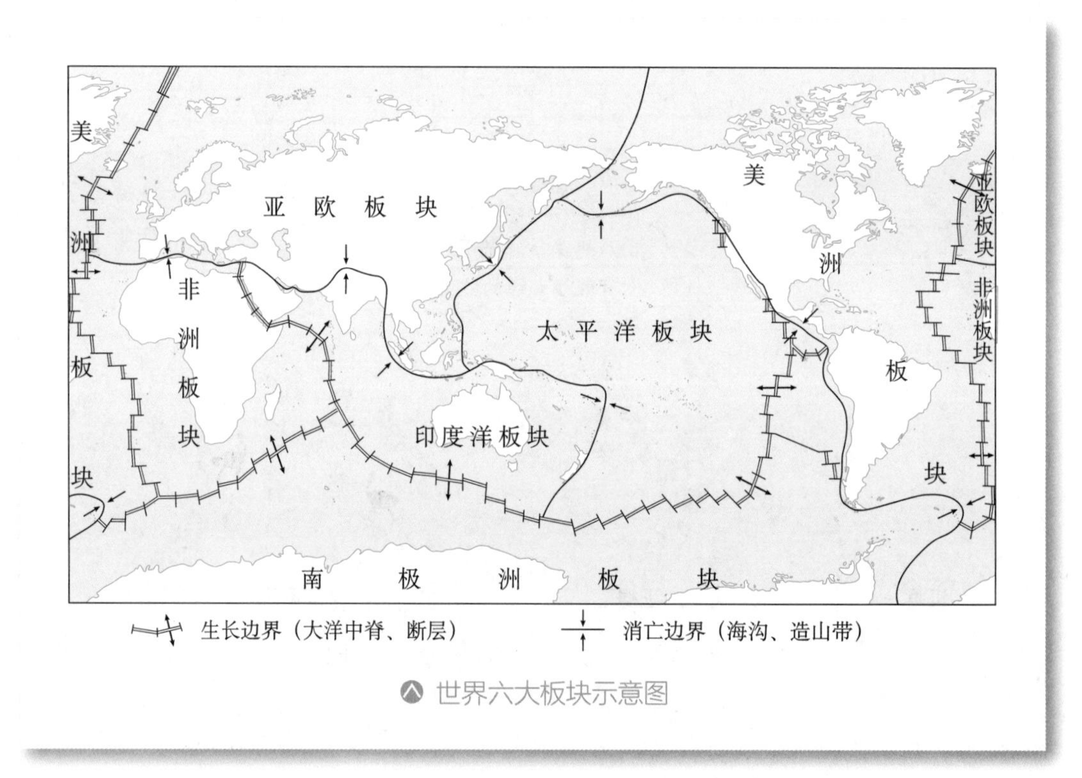

世界六大板块示意图

不同板块的运动方向不同。因此，有的板块之间相互碰撞挤压，有的板块之间彼此分离。在板块分离的地方，会形成大洋中脊或陆地上的裂谷；在板块碰撞的地方，会形成大洋深处的海沟或陆地上的造山带。

亚欧板块和太平洋板块的碰撞，形成了马里亚纳海沟、太平洋西部岛链，以及世界最大的火山、地震带——环太平洋火山、地震带；太平洋板块和美洲板块的碰撞，形成了北美大陆的落基山脉；美洲板块与纳斯卡板块的碰撞，形成了纵贯南美洲的安第斯山脉；印度洋板块和亚欧板块的碰撞，则形成了“世界屋脊”——青藏高原。

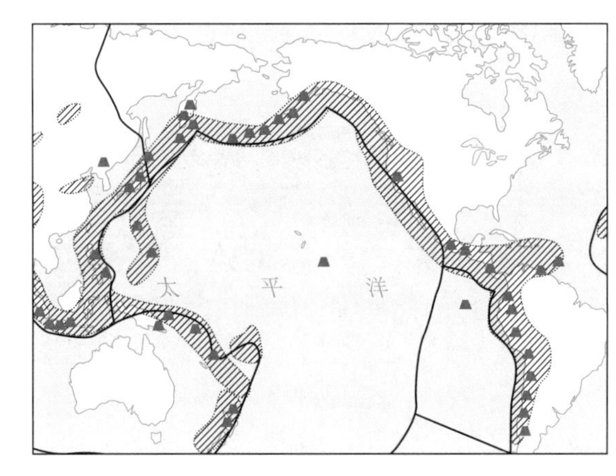

环太平洋火山、地震带分布图

旋回理论演山海

威尔逊旋回理论是对板块构造学说的延伸，它可以相对完善的解释海陆变迁——陆地和海洋的形成和消亡。威尔逊旋回理论认为，陆地与海洋的生成和消亡，可以归结为从大陆分裂开始，经历海洋形成和扩张，再到海洋缩小、闭合直至完全消亡。

根据该理论，首先，大陆地壳拉伸变薄，开裂形成裂谷，继而海水灌入，形成狭窄的海湾。地壳进一步变薄，岩浆上涌，大洋中脊初步成型。东非大裂谷和红海—亚丁湾就是这样形成的。

其次，大洋中脊的海底火山推动海洋地壳进一步生长，形成茫茫无际的大洋。大西洋、印度洋和太平洋都是这样形成的。

再次，大洋地壳继续生长，边缘向陆地板块下方俯冲，形成海沟；而陆地板块上推，形成岛弧或者山弧。例如，太平洋中的马里亚纳海沟就是太平洋板块俯冲消亡的结果。然后，大洋板块进一步俯冲并愈加缩小，两侧陆地板块“见面”，大洋成为狭窄的海洋残留。地中海的形成是这一阶段的典型案例。

最后，在无数次的俯冲之后，整个海洋完全消失。海洋两侧大陆板块相碰，隆起成山，并出现地震、火山带。横贯亚欧大陆的阿尔卑斯—喜马拉雅造山带就是这样形成的。

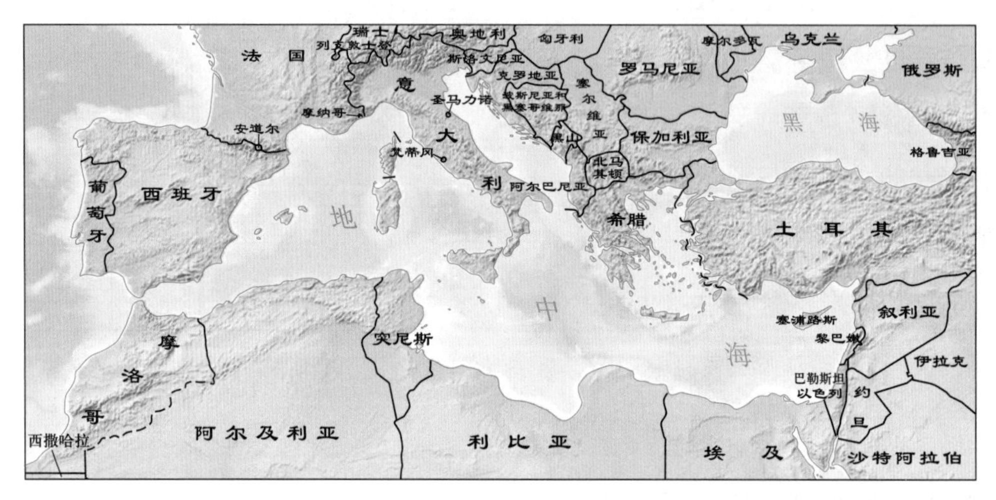

地中海周边示意图

“沧海桑田”需要漫长的时间，但是于地球 46 亿年的历史而言，这不过是一瞬间。大陆漂移学说、海底扩张学说、板块构造学说和威尔逊旋回理论等，让“沧海桑田”有了理论依据。

拓展阅读　月球上的环形山

月球山脉是月面上连绵不断的险峻山峰带，主体是由小天体撞击形成的环形山。有些环形山的周围有许多明亮的条纹，那是陨石撞击的痕迹。月球上最大的环形山为其南极附近的贝利环形山，直径大约 295 千米。

第三节　地脉连绵海藏山

山脉是地球的脉络，在陆地上，山脉连绵不绝，十分壮观。然而，我们也知道地球表面有约 71% 的面积是被海洋覆盖的。那么，海洋是否和陆地一样，有着高山呢？其实，海洋中不仅有高山，还有平原和深谷。

海里的山脉是怎么被发现的？

大海表面看就像一面巨大的镜子，但其实海底也像陆地一样山峦起伏。早期，英国人通过在绳索上绑铅锤，然后将其沉到海底的方式来测量海水深度。英国人在测量大西洋的深度时，发现大西洋的中部并非平地，而是高高隆起。第一次世界大战后，德国人为了偿还巨额的战争赔款，梦想从海水中提炼黄金。于是，他们建造了一艘当时非常先进的“流星”号考察船，远赴大西洋进行考察，结果发现海水中的含金量太低，“炼金”的想法不切实际。但是这次考察作业并不是一无所获，他们用回声探测装置对大西洋洋底进行探测，结果显示大西洋洋底有一条从北到南的巨型海底山脉。

其实，洋底和陆地一样崎岖不平，既有崇山峻岭，也有深沟峡谷。为了揭开海底山脉的奥秘，人们借助先进的探测仪器进行研究。20 世纪 50 年代，地质学家们基于科学考察结果基本形成共识：地球上每一个大洋的洋底都存在巨大的山脉，这条连续不断的山脉又叫作大洋中脊。这些山脉相连成为贯穿全球大洋的海底山脉系统。

·信息卡·　回声探测装置测量海底地形的原理

声音在水中的传播速度约每秒1500米。从船上向海底发出声波，能很快被反射回来，船上的回声测深仪就可以“听到”回声。如果能测定发声与回声的时间差，就可以轻易地计算出水深来。在船的航行过程中，如果不间断地发出声波并接受回声，就可以绘制出一条海底地形曲线。如果将大量等间距的海底地形曲线组合起来，通过计算处理就可以获得海底立体图像。

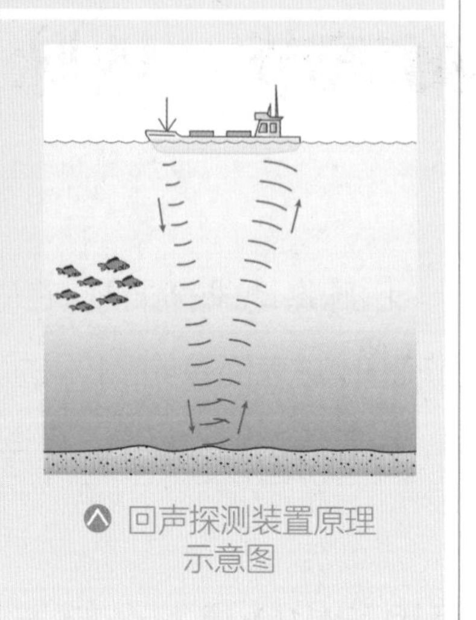

回声探测装置原理示意图

大洋中脊是怎么形成的？

地球是个“好动的孩子”，其内部炽热的物质在不断循环的过程中变成岩浆。科学家普遍认为，地球内部上升的炽热物质在到达原始大陆的中心部分时就分成两股，朝相反方向流动，并推动分裂的大陆块体漂移，随着时间

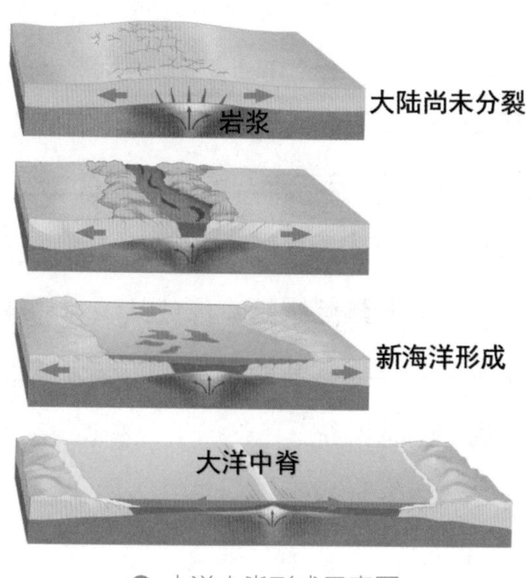

大洋中脊形成示意图

的推移，裂开的两块陆地之间就形成新的海洋。这些炽热的岩浆不断从中央裂谷中涌出，岩浆冷却堆积形成纵贯大洋、绵延数万千米的大洋中脊。如此巨大规模的海底山脉，是陆地上任何一座山脉都无法比拟的。大洋中脊也成为地球“拉扯”海底扩张的起点。

大西洋北部国家冰岛就位于大西洋洋中脊的延长线上。巨大的裂谷贯穿冰岛中部，为科学家提供了研究大洋中脊的便利，也创造了旷世奇观。

冰岛辛格维利尔国家公园中的大裂谷

与大洋中脊处的拉伸运动不同，当洋底扩展至大陆边缘的海沟处时，会与大陆板块发生剧烈挤压，并向下俯冲潜没在大陆地壳之下，最终消失。板块俯冲的位置岩层脆弱，岩浆从裂缝中上涌，形成一系列的火山，有的抬升出露地表后形成火山岛弧，如日本列岛。

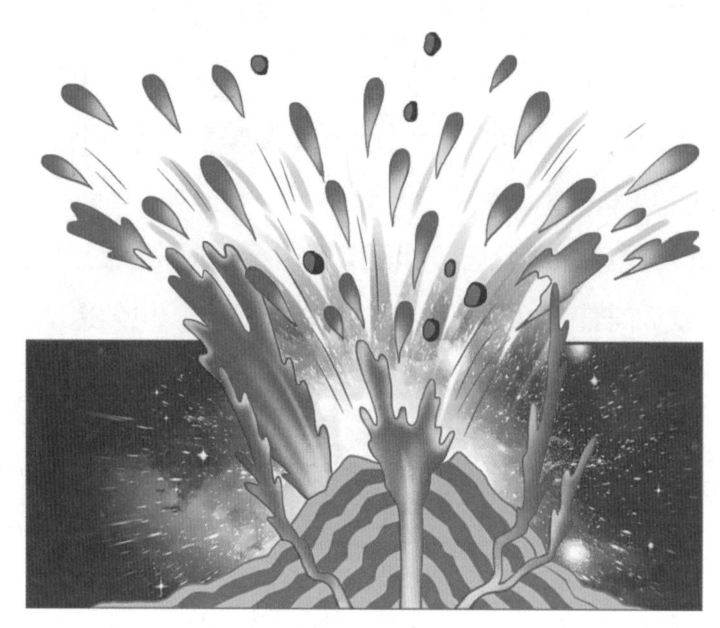

海底火山喷发示意图

无论是在陆地还是在海底，地球都以自己独特的方式塑造出不同的样貌。

海底有山峰吗？

陆地上，山脉连绵，山峰林立。海底山脉——大洋中脊的雄伟也丝毫不逊色于陆地山脉。那么，海底有没有一个个的“山峰”呢？

除大洋中脊外，海底还有很多散列分布的“山峰”，它们多呈圆锥状，叫作海山。海山分为尖顶海山和平顶海山两种。拥有较为平坦顶部的海山被称作平顶海山。平顶海山的山顶一般位于水下 200 ~ 3000 米。科学家研究表明，它们原来位于海平面以上，长期受到海浪的冲刷剥蚀之后，被“削尖了脑袋”。之后随着地壳运动，它们逐渐下沉，隐没在海面之下。

人类对海山的探索不会停止。未来，中国科学家将继续对海山进行研究，揭示许多不为人知的新物种及其生命过程，为海洋生态系统及其功能、生命现象与生命过程等研究提供新的视角。

拓展阅读　宝藏海山

海山是宝库。海山地区生物资源丰富，经常可以见到许多海洋动物，如鲨鱼、鲸、海豹、海龟等。海豚等海洋迁徙性动物常在迁徙期间停留在海山附近觅食、休息和繁衍。海山因此又被形象地称为“海洋动物的加油站”。也有人推测，海山可能是这些动物长途迁徙的路标。

海山还是富饶的矿藏地。由于海山在形成过程中，经历了一系列的矿物富集过程，海山中蕴藏着丰富的金属资源。

目前，人类对海山的了解还远远不够。据估计，全球迄今已被研究或调查过的海山不足300个，并且大部分调查是针对靠近海面或者靠近大陆架的海山。今天，借助潜水器等设施，人类可以对海山有更深入的了解和认识。中国新一代远洋综合科考船“科学”号搭载的“发现”号遥控无人潜水器获取了大量海底生物、岩石、水体等样品，研究了海山的精细地形、沉积物类型和生物多样性。

中国科学院海洋研究所自主研发的“发现”号水下缆控潜器，可在深海复杂情况下，准确高效地进行综合探测与海底取样

探索与实践

利用家中现有的材料和工具，你能否制作简易科学模型并模拟大洋中脊岩浆喷涌导致的海底扩张?

第四节　千山万壑奇峰列

山脉作为地球上重要的地貌单元，它们不仅构成了地表的“骨骼”，还为人类创造了美丽的自然景观。每一列山脉，每一座山峰都是地球独一无二的作品。亿万年的沧海桑田造就了地球上的崇山峻岭。那么，是什么样的力量创造、雕刻出了如此多姿的山？它们又有哪些模样？

山脉和山峰有什么区别？

一字之差的山脉和山峰有什么区别呢？首先，要了解山脉，可以从“脉”字的结构出发。“脉”字由“永”和“月”构成，本义指血管，引申出表示像血管那样连贯而自成系统的事物。山就像地球的“血脉”，因此，人们巧妙地用“山脉”来表示绵延万里、起伏不一、沿一定方向有规律分布的若干相邻的山。而一座座山峰则是山脉中比四周都高的陡峭山顶，它们就像是人体中被经脉串联起来的穴位。在漫长的地质历史长河里，地壳运动和风力、冰川等外力作用都在塑造着地表形态，因此，不同的山脉和山峰的成因也不尽相同。

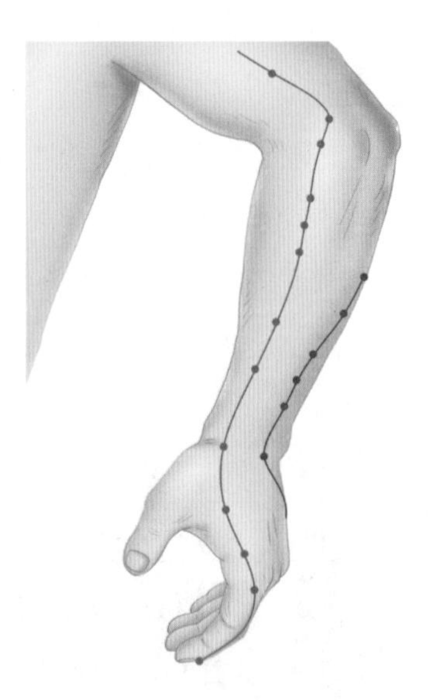

人体部分经脉示意图

知识速递

世界山峰（部分）高度排名

排名	山峰名称	位置	所属山脉	海拔
1	珠穆朗玛峰	中国和尼泊尔的边境线上	喜马拉雅山脉	8848.86 米
2	乔戈里峰	中国和克什米尔的边境线上	喀喇昆仑山脉	8611 米
3	干城章嘉峰	印度和尼泊尔的边界	喜马拉雅山脉	8586 米
4	洛子峰	中国和尼泊尔边界	喜马拉雅山脉	8516 米
5	马卡鲁峰	中国和尼泊尔边界	喜马拉雅山脉	8463 米

·信息卡·

中国的主要山脉

昆仑山脉西起帕米尔高原东部，东到青海省境内，与巴颜喀拉山脉和阿尼玛卿山相接，北邻塔里木盆地与柴达木盆地。山脉东西全长约 2500 千米，平均海拔 5500~6000 米，呈西北—东南走向，西窄东宽，总面积达 50 多万平方千米。

昆仑山脉

喜马拉雅山脉是藏族人心中“雪的故乡”。它位于青藏高原南部边缘，是世界上海拔最高的山脉。西起克什米尔的南迦—帕尔巴特峰，东至雅鲁藏布江大拐弯处的南迦巴瓦峰，全长约 2450 千米，平均海拔 6000 米，8000 米以上的高峰有 10 座，其中珠穆朗玛峰（海拔 8848.86 米）为世界第一高峰。

喜马拉雅山脉

天山山脉位于亚洲内陆中部，总

体上近东西向延伸，横贯中国新疆维吾尔自治区中部，西端伸入哈萨克斯坦和吉尔吉斯斯坦，全长约 2500 千米。中国境内的天山山脉把新疆大致分成两部分：南边是塔里木盆地，北边是准噶尔盆地。托木尔峰是天山山脉的最高峰，海拔 7443 米。锡尔河、楚河和伊犁河都发源于天山山脉。

天山山脉

祁连山脉贯穿我国青海省东北部与甘肃省西部边境，毗邻青藏高原的东北缘。由多条呈西北—东南走向的次级山脉构成，北端紧靠河西走廊，南抵柴达木盆地，西北接阿尔金山，东至黄河谷地。祁连山素有“万宝山”之称，蕴藏着种类繁多、品质优良的矿藏。

祁连山脉

横断山脉为川、滇两省西部和西藏自治区东部南北走向山脉的总称。作为中国地势第一和第二级阶梯的分界线，横断山脉位于“世界屋脊”青藏高原与云贵高原、滇西高原的过渡地带。其间地表起伏剧烈，峡谷遍布，冰峰众多，是中国山区河网最密集、地形最复杂的地区之一。美丽的香格里拉、神圣的玉龙雪山等都位于横断山脉的怀抱之中。

横断山脉

山脉有什么模样？

来自地球内部的能量生生不息，驱动着岩浆喷涌、地壳运动，形成起伏连绵的脉络——山脉。在自然界中，火山喷发可以快速改变地表形态。火山是由地表下的高温岩浆及伴生的气体、碎屑从地壳中喷出至地表后冷凝、堆积而形成的。位于非洲的乞力马扎罗山被称为“非洲屋脊”，是世界著名的火山。其东西绵延 80 多千米，包括多个火山口。

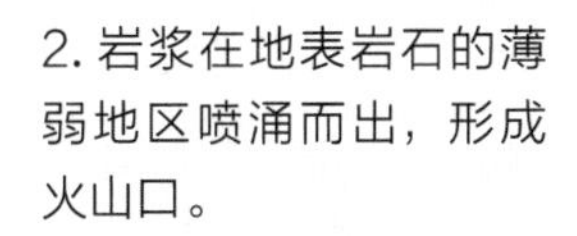

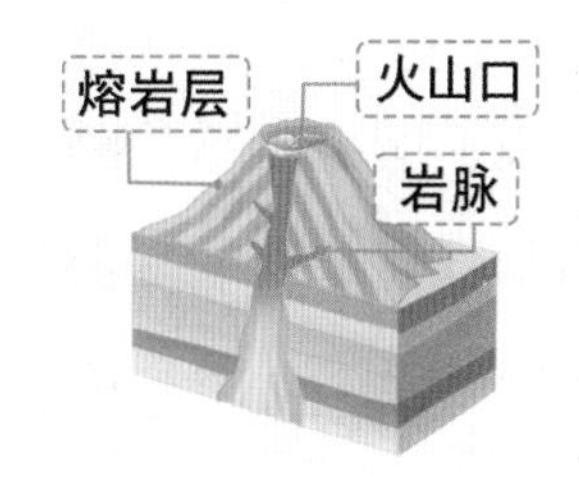

火山的形成示意图

长白山脉就是典型的火山山脉。主峰白头峰是长白山脉最高峰，位于中国和朝鲜边界朝鲜一侧，是一座休眠火山。长白山地区经历了多次火山喷发，美丽的长白山天池就是火山口地层塌陷后积水形成的火山口湖。

但是，岩浆并非总是能够喷出地表，当力量不够或是碰到坚硬的岩石时，岩浆只能选择在地壳下努力向上推挤岩层，而后冷却形成坚硬的岩石。随着时间的推移，这些坚硬的岩石向上弯曲形成穹隆，但周围的岩石层仍保持平坦，这样就形成了冠状山。美国加利福尼亚州约塞米蒂国家公园内的约塞米蒂山谷东端，有一座著名的半圆顶冠状山，其三面为光滑球面，一面为山崖。

长白山天池
约塞米蒂山谷的冠状山

然而，除了岩浆喷涌，地球也在不断“悠闲”地推动各大板块运动，形成了褶皱山脉和断块山脉等。中国的昆仑山脉和天山山脉、欧洲的阿尔卑斯山脉、美洲的安第斯山脉都属于褶皱山脉。而中国的华山、泰山和庐山等边缘陡峭，通常与相邻平地之间没有过渡地带，属于断块山脉。

山脉有多种“身形”，山峰也是千姿百态。什么样的力量可以塑造出这些奇峰呢？

什么力量塑造山峰？

巍巍山峰，壁立千仞。谁才是山峰真正的“造型师”？地球把一条条山脉构建了出来，搭建了自己的“血脉”与“骨骼”。此后，大自然中的“造型师”就登场了。

大自然中的第一位“造型师”是冰川。在雪山地区，由于气候寒冷，大量、多年的积雪不断堆积压实，这样就形成了可以缓慢移动的整体，即冰川。冰川的冰层厚度可轻松突破百米，极大的压力会压碎冰川底部和两侧边坡的岩石，这些崩裂的岩石在冰川运动的过程中又像一把把锉刀不停地刮擦

珠穆朗玛峰就是一座角峰

四周。当多处运动方向不同的冰川不断扩大，山体就仿佛被冰川雕刻着，山峰就逐渐变成尖锐的金字塔状的孤立尖峰，这种尖峰被称为角峰。

大自然中的第二位“造型师”是风。岩石容易受到温度、水、大气、生物等因素的共同影响，从而被打磨、破坏、崩解，这就是风化作用。由于岩石的边缘和棱角暴露的范围大，受到的影响也就大，因此这些部位最先被破坏。久而久之，岩石的棱角逐渐消失，岩石呈球体或椭球体。华山西峰被

华山西峰莲花峰

花岗岩球状风化

称作“莲花峰”，便是因为山顶有一块花岗岩被风化，其形状仿佛一朵含苞待放的莲花。

大自然中的第三位“造型师”是水。在地势陡峻、河流落差大、水流急的山体位置，河流还会挟带着泥沙一起对河床进行侵蚀，两岸的岩石也会崩塌，于是河谷越来越深，山峰越来越陡峭，如雅鲁藏布大峡谷中位于河谷附近的山峰就是这种情况。同样是流水作用，在中国西南地区，情况又会有所差别。由于那里岩石的成分主要为可溶性的碳酸盐岩，地表水与地下水对可溶性岩石进行溶蚀等作用，从而雕刻出峰丛、峰林、石芽、溶洞、暗河等，形成独特的喀斯特地貌，如著名的桂林山水、云南石林等。

桂林阳朔的喀斯特地貌

雅鲁藏布大峡谷

中华大地山脉连绵不绝，山峰高耸壮观，山的奥秘还远不止于此。

探索与实践

1. 动手用橡皮泥捏出不同的山峰形态。

2. 查阅资料，了解不同类型山峰的特点，画出不同类型的山峰的形成过程。

第五节　千岩竞秀山相依

自然界中的岩石依据其成因，可分为岩浆岩、沉积岩、变质岩。这三大类岩石都可形成风格迥异的地貌景观。岩浆岩可形成火山地貌等景观；沉积岩可形成丹霞地貌、喀斯特地貌等景观。变质岩可形成变质岩地貌景观，如梵净山的“万卷书”奇异景观。中国的名山各自以不同类型的岩石为主，让我们一起来一场岩石的地貌之旅吧。

知识速递

岩石是组成地壳的物质之一，是构成地球岩石圈的主要成分。三大类岩石可以通过各种成岩作用相互转化，这就形成了地壳物质的循环。

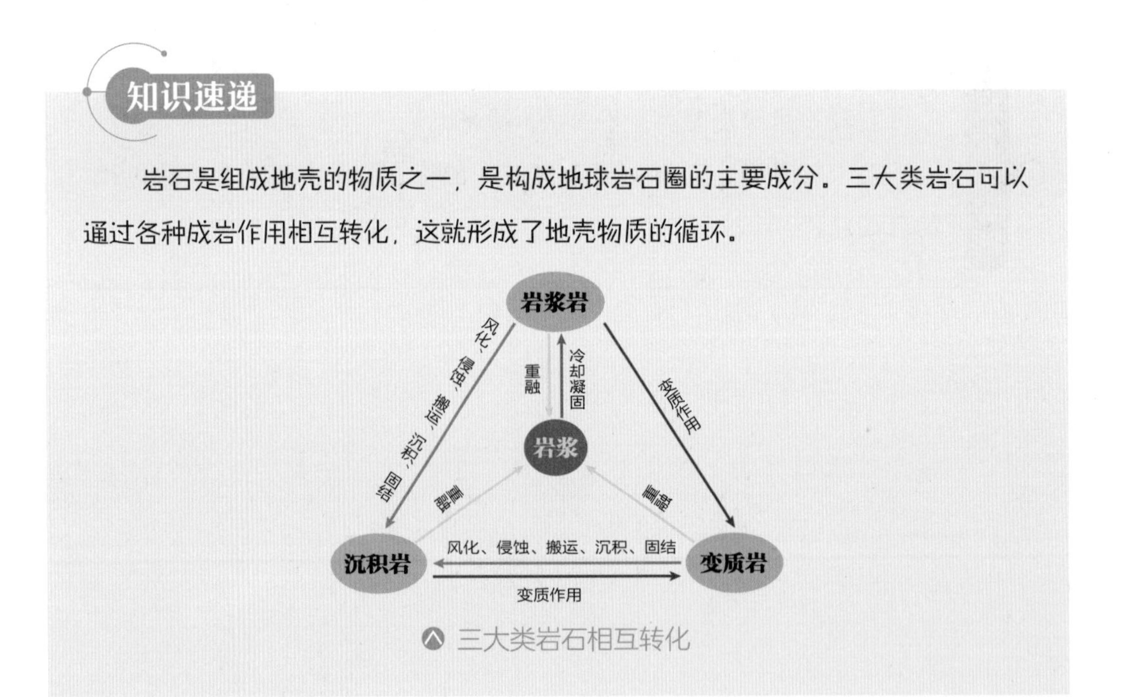

三大类岩石相互转化

花岗岩地貌之旅

中国的名山常被人们津津乐道，但其地质上的相似性鲜为人知。这些名山大多由名为“花岗岩”的岩石构成。花岗岩是岩浆在地球内部的动力作用下，侵入地壳中，缓慢冷却凝固形成的典型侵入岩。

黄山“飞来石”

石头会飞吗？在黄山光明顶，有一块重达几百吨的巨石矗立在一块平坦岩石上！这块巨石难道是从天外飞来的吗？地质学家研究表明，黄山的这块“飞来石”是花岗岩岩体，它是在漫长的地质变化过程中形成的。在距今约 1.2 亿年前的白垩纪，黄山地区地下岩浆上涌，在离地面几千米的深度冷却结晶，形成了巨大的花岗岩岩体，为黄山地貌的形成奠定了基础。之后花岗岩岩体又经历地壳抬升等内力作用，露出地表后再经过外力的风化、侵蚀作用形成了现在的形状。可见黄山“飞来石”正是由花岗岩体在地球内力作用和外力作用的共同影响下，经过漫长岁月的无数次精雕细刻后而形成的。

什么山没有头？这无头的山，十有八九是火山。

腾冲火山地质公园

民谚云:“好个腾越州，十山九无头。”为什么腾冲许多山的山顶都是一个圆坑呢？原来，腾冲的山大多是火山。千万年来，腾冲受印度洋板块与亚欧板块两个大陆板块的地质构造影响，火山星罗棋布，火山喷发后便留下许多美丽的自然景观。腾冲火山地质公园位于腾冲市区以北 20 多千米处。大空山、小空山等火山自北向南依次排列，是中国最大的火山群之一，也是中国最集中、最壮观、最典型的火山地热区。

沉积岩地貌之旅

自然界中除了“青山”，也有红色的山崖。广东丹霞山，被誉为“中国的红石公园”。原来，丹霞山的岩石中富含铁的氧化物，所以山体呈现出红色。丹霞山受地壳运动、风化等各种作用的影响，逐渐形成以红色砂砾岩为主的沉积岩地貌。

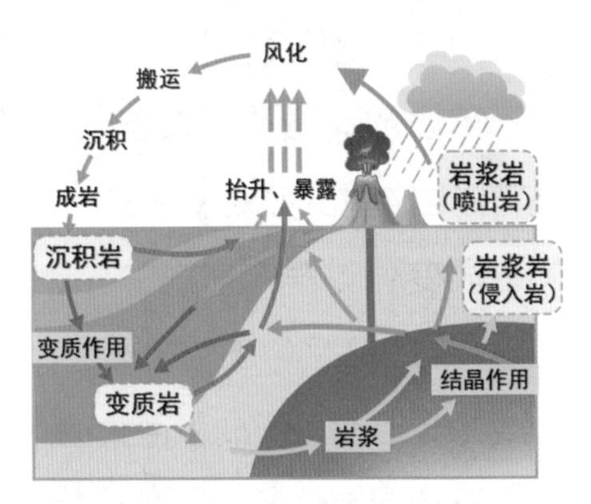

沉积岩形成示意图

晨曦中的丹霞山

“桂林山水甲天下”。桂林山清水秀，洞奇石美，这里常有一些孤立的山峰拔地而起，呈圆柱状或圆锥状，形成一片奇峰或峰丛。这是一种可溶性沉积岩在水的溶蚀作用下形成的岩溶地貌，也称喀斯特地貌。这种地貌在我国分布非常广泛，除了广西，在云南、贵州等地也有分布。

桂林山水

变质岩地貌之旅

岩石也会发生变质吗？岩浆岩、沉积岩，包括早前形成的变质岩都可以因物理、化学条件而变化，从而形成与原岩不同的变质岩。变质岩地貌也是岩石地貌类型中的重要组成部分。

泰山所在地区曾是一个巨大的沉降带，堆积了非常厚的泥砂质岩层和一些基性火山岩。后来那里发生了强烈的造山运动，使沉降带原先堆积的岩层隆起为古陆，从而形成了巨大的山系。古泰山露出海面的同时，岩层

泰山上的岩石

的褶皱发生了断裂、岩浆活动和变质作用，使原先沉积的岩石发生变质。经过长年累月的地质演化，泰山地区的岩石逐渐变成现今的各种变质岩和混合岩。

·信息卡· **沉降带**

沉降带是相对于隆起带的地球表面的负向构造带。它的特征是相对于邻区地壳发生沉降，并大量接受来自两侧隆起区的巨厚堆积物，有的还伴有大规模的岩状活动。

大自然中姿态万千、各具风采的岩石与山峰相生相依，山以岩为体，岩为山铸魂，它们共同呈现出大自然的无穷魅力。

第三章 江山如此多娇

“江山如此多娇，引无数英雄竞折腰”，这是毛泽东在《沁园春·雪》中对祖国壮丽河山的赞美。中国是一个多山的国家，名山大川数不胜数。山不仅给人带来美的感受，还构成了中国的大地骨架，造就了中国西高东低的地势，从而形成了“百川东到海”的壮丽景象。

第一节　山脉纵横隆骨架

中国是一个多山的国家，纵横交错的山脉分布在中国大地上。如果把中国比作一条巨龙，拔地而起的山脉就相当于巨龙的骨架，构成了中国大地高低起伏的基本格局。

中国的主要山脉

为何说中国是多山的国家？中国的地形多种多样，有宽阔平坦、起伏较小的平原，如东北平原；有四周高、中间低的盆地，如四川盆地；有高

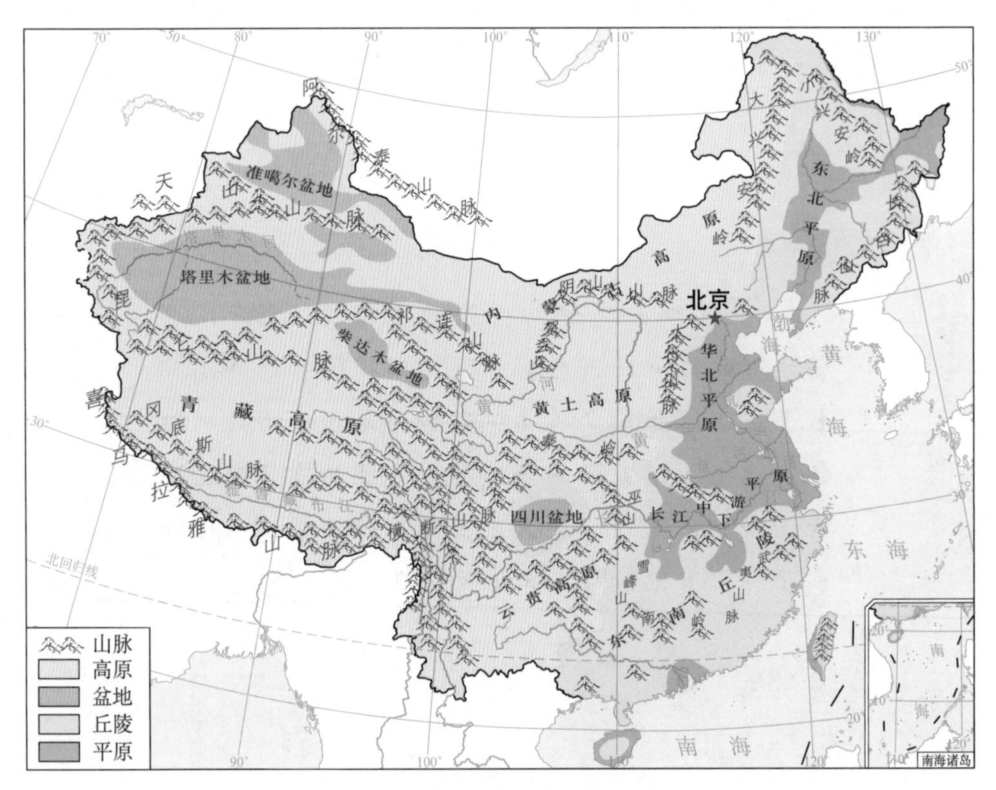

中国的主要地形区

高隆起、地形平坦的高原，如内蒙古高原；有起伏不大的低山丘陵，如辽东丘陵；有拔地而起、起伏较大的山地，如太行山脉。其中丘陵、崎岖的高原和山地统称为山区。在中国 960 多万平方千米的土地上，山区面积占三分之二。由此可见，中国大部分地区都是高低起伏的山地。

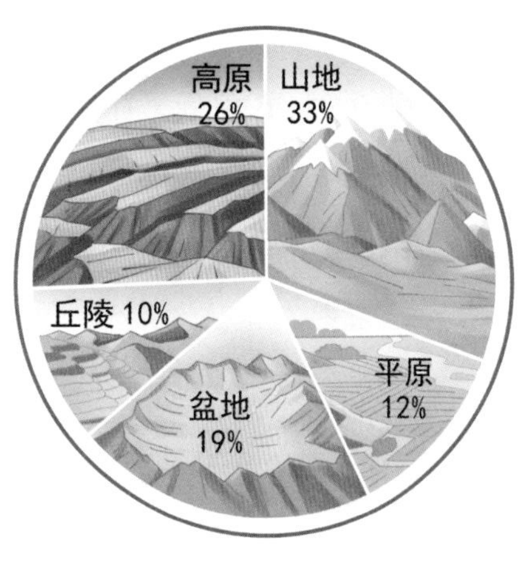

中国各地形区的占比

中国主要山脉有哪些？像河流有流向一样，山脉也有走向，山脉的总体延伸方向被称为山脉的走向。根据山脉的走向，我们将中国的山脉分为五大体系，分别是东西走向山脉，东北—西南走向山脉，西北—东南走向山脉，南北走向山脉，还有弧形山脉。东西走向山脉有三列：北列是天山山脉和阴山山脉，中列是昆仑山脉和秦岭，南列是南岭。东北—西南走向的山脉都位于东部地区，主要有三列：从东到西依次是台湾山脉、长白山脉、武夷山脉、大

中国主要山脉分布图

兴安岭、太行山脉、巫山和雪峰山。西北—东南走向的山脉都位于中国的西北地区，分别是阿尔泰山脉和祁连山脉。南北走向的大山脉较少，只有横断山脉和贺兰山。此外还有著名的弧形山脉——喜马拉雅山脉，喜马拉雅山脉是世界上海拔最高的山脉。

中国主峰高度排名前十的山脉

山脉	主峰	最高海拔（米）
喜马拉雅山脉	珠穆朗玛峰	8848.86
喀喇昆仑山脉	乔戈里峰	8611
昆仑山脉	公格尔山	7649
横断山脉	贡嘎山	7556
天山山脉	托木尔峰	7443
念青唐古拉山脉	念青唐古拉峰	7162
冈底斯山脉	冷布岗日	7095
阿尔格山	布喀达坂峰	6860
怒山	卡瓦博格峰	6740
唐古拉山脉	各拉丹冬峰	6621

山脉骨架成阶梯

“百川东到海”指出中国的河流大多自西向东流入海洋，而决定河流流向的就是地势。拔地而起的山脉构成中国地势的基本格局，将中国的地势划分成三大阶梯，自西向东依次降低。

喜马拉雅山脉、昆仑山脉、祁连山脉和横断山脉包围着中国地势的第一级阶梯。这里平均海拔在4000米以上，是离天空最近的地方，“世界屋脊”青藏高原是这个地区的主体，世界最高峰珠穆朗玛峰也位于此处。“高”是第一级阶梯的代名词，中国海拔排名前十的山峰大多数分布在第一级阶梯。气温随海拔升高而降低，所以第一级阶梯的高海拔带来的显著特征就是“冷”。这里的高山上终年积雪，冰川广布。高山冰雪融水为河湖提供了淡水资源，使得这里成为许多大江大河的发源地，例如，长江、黄河和澜沧江的发源地均位于此处。

三江源自然保护区风光

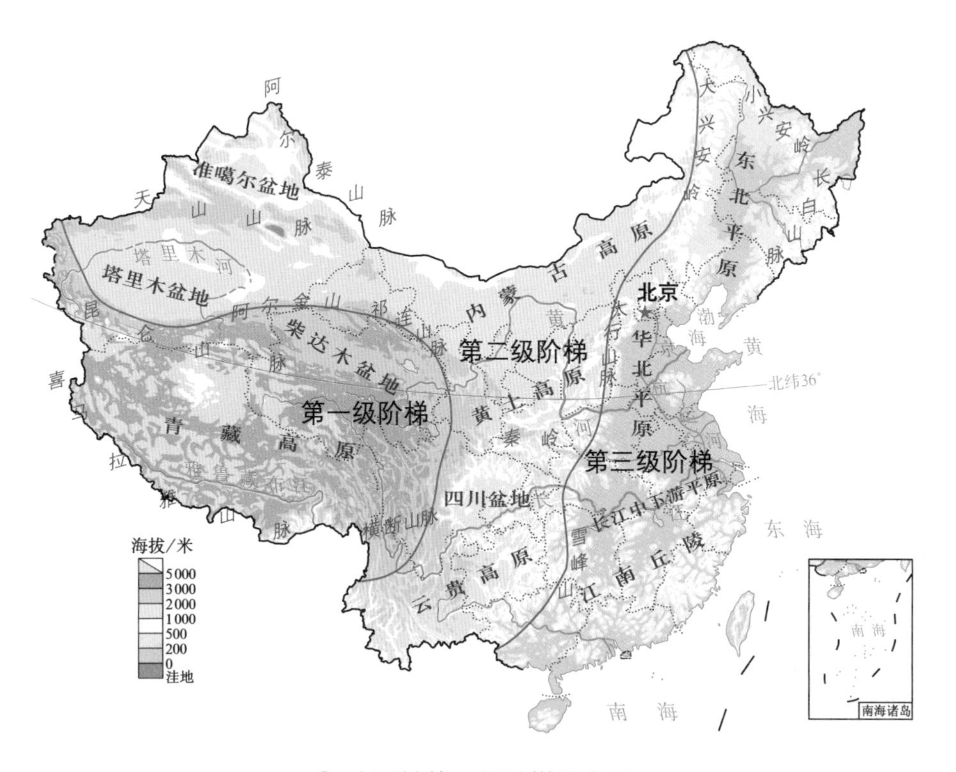

中国地势三级阶梯示意图

昆仑山脉、阿尔金山脉、祁连山脉和横断山脉是我国地势第一级、第二级阶梯的分界线。第二级阶梯海拔为 1000 ~ 2000 米。这个地区地势起伏较大，地形以高原和盆地为主。往西北看，新疆地区有独特的地形特点——“三山夹两盆”。阿尔泰山脉、天山山脉和昆仑山脉之间夹着准噶尔盆地和塔里木盆地。第二级阶梯的北部有“天苍苍，野茫茫，风吹草低见牛羊”的内蒙古高原和千沟万壑、支离破碎的黄土高原，中部有“天府之国”四川盆地，南部有崎岖不平、喀斯特地貌广布的云贵高原。

黄土高原

自西向东穿过大兴安岭、太行山、巫山和雪峰山，就来到平均海拔最低的第三级阶梯。这是中国地势最为低平的地区，海拔多在 500 米以下，大部分河流在这里向东注入海洋。河流流经这一级阶梯时流速变慢，挟带泥沙的能力变弱，泥沙沉积下来，便形成土壤肥沃的平原，如东北平原、长江中下游平原和华北平原。因气候温和湿润、土壤肥沃、水源充足，所以位于第三级阶梯的大多数地区农业发达，交通便利，经济繁荣，如京津冀、珠三角和长三角三大经济圈均分布在第三级阶梯。

阶梯分界来发电

顺着西高东低的地势，河流从高一级阶梯流入低一级阶梯时，落差很大，水流速度非常快，而快速流动的河水蕴含着巨大的能量。因此，阶梯交界处非常适合建水电站。中国很多大型水电站的选址就在阶梯的交界处。

中国主要大型水电站分布图

三峡水电站就分布在中国地势的第二级、第三级阶梯的分界线上。三峡水电站是我国，也是世界上最大的水电站。

拓展阅读

2020 年三峡水电站发电量达 1118 亿千瓦时，创下了新的单座水电站年发电量世界纪录。与燃煤发电相比，三峡水电站 2020 年所生产的清洁电能可替代标准煤约 3439 万吨，减排二氧化碳约 9402 万吨、二氧化硫 2.24 万吨、氮氧化物 2.12 万吨，相当于种植 37 万公顷阔叶林。

三峡水电站

探索与实践

计算一下中国地势三大阶梯平均海拔是多少，试着用木板或者其他材料制作中国地势模型。

第二节　大相径庭山有名

“大相径庭”出自《庄子·逍遥游》，用来比喻事物相差很远，各有不同。中国的名山有很多，每座山都有自己的特点。有的山以雄、奇、秀、幽的景色而闻名，如高大雄伟的泰山、危峰兀立的华山、秀丽优美的峨眉山、曲径通幽的青城山；有的山以色彩而闻名，如“赤壁丹崖”的武夷山脉、白雪皑皑的喜马拉雅山脉；有的山则因诗人留下千古绝句而闻名，如李白在《望庐山瀑布》中描写了庐山瀑布之美，让庐山成为中国十大名山之一。这些名山如同璀璨的明珠，闪耀在锦绣中华大地上。

中国部分名山分布示意图

知识速递

四大佛教名山：五台山、峨眉山、普陀山和九华山。

四大道教名山：湖北武当山，江西龙虎山，安徽齐云山，四川青城山。

三山五岳中的“三山”：安徽黄山、江西庐山和浙江雁荡山。

三山五岳中的“五岳”：东岳泰山、西岳华山、南岳衡山、北岳恒山和中岳嵩山。

有仙则名

“山不在高，有仙则名。”道教认为山是神仙居住的地方，因此道观常常修建在景色优美的山中。有些山也因流传着神仙的传说而成为名山。《西游记》中孙悟空为解救被困在小雷音寺的师徒，去向真武大帝（尊号荡魔天尊）寻求帮助。真武大帝是道教中赫赫有名的神仙，传说他就是在武当山得道成仙的。后来，阴长生、谢允、张三丰等著名道教人物均曾在此山修炼，武当山因此被尊为“道教仙山”。

武当山山势险峻奇特，有“自古无双胜境，天下第一仙山”的美誉，主峰天柱峰海拔 1612 米，屹立于群峰之巅。从高空俯瞰，四周多座山峰朝向主峰，如同参拜，形成“万山来朝”之势，山峰之间点缀着岩、涧、洞、池等胜景，美不胜收。

武当山古建筑群

让武当山名扬中外的，还有它宏伟的古建筑群。武当山古建筑群是中国规模最大的道教宫观建筑群，在建筑过程中遵循“山体本身分毫不能修动”的原则，也体现了道家崇尚自然、天人合一的思想。

因声成名

在中国有一座很特别的山，其因为能发出声音而闻名，它就是鸣沙山。鸣沙山位于甘肃省敦煌市，是由沙子堆积而成的，《敦煌录》中记载鸣沙山“盛夏自鸣，人马践之，声震数十里”。即使在晴朗无风的天气，鸣沙山也能发出声音，人走在其中，沙子会发出隆隆的声音，故得名“鸣沙山”。

鸣沙山

在鸣沙山的怀抱中有一眼泉水，经风吹日晒而不干涸，距流沙数十米而不被淹没，因形似一弯新月而得名“月牙泉”。

拓展阅读　鸣沙山能发出声音的奥秘

鸣沙山的鸣沙又叫响沙、哨沙或者音乐沙。关于它发出鸣响的原理，有以下两种解释。

一种说法是沙粒碰撞发出声音。由于鸣沙山位于沙漠地区，植被稀疏，不同方向的风几乎都可以吹到这里。在风长期的吹拂下，鸣沙山的沙粒大小均匀，而且有了孔洞，形成了独特的结构，这些有孔洞的沙子在相互摩擦时，便发出了声响。

另一种说法是静电发声。当鸣沙山的沙子在人力或者风力的推动下流动时，含有石英晶体的沙粒便会互相摩擦，从而产生静电。静电放电就发出了声响，无数沙子发出的声音汇集在一起，便声大如雷。

因火成名

《西游记》中孙悟空三借芭蕉扇扑灭火焰山的火的故事可谓家喻户晓，现实中的火焰山是怎样的？火焰山位于新疆吐鲁番盆地，属于天山山脉的余脉。其实火焰山并没有火，之所以被称为火焰山是因为山体由红色的砂岩组成，且当地环境炎热干燥，风力作用明显，火焰山山体表面有一些受风蚀而形成的微沟，看起来像燃烧的火焰，故而当地人称之为“火焰山”。其实，火焰山叫“热山”更合适，其地表温度最高可达 89℃，红色山体在烈日照耀下，宛如一条横卧在吐鲁番盆地的赤色巨龙。

新疆吐鲁番的火焰山

因凉成名

中国既有“火焰山”，也有“清凉山”——莫干山。莫干山位于浙江省德清县西北，素有“清凉世界”的美誉。莫干山林海茫茫，遮天蔽日，凉爽宜人，是中国四大避暑名山之一。传说 2000 多年前，干将、莫邪夫妇受吴王阖闾之命在此地铸剑，因而得名。莫干山山峦起伏，风景秀美多姿，漫山遍野的竹林摇曳多姿，云雾缭绕的云海变幻莫测，穿流于山中的泉水清澈冰凉。莫干山以竹、云、泉“三胜”和清、静、凉、幽“四优”吸引着各地的游客。

中国有特点的山非常多，它们因独特的景观、悠久的文化等而被世人所知，给人带来美的享受和精神的滋养。

莫干山

探索与实践

查阅资料、实地调查后，写一篇以家乡的山为主题的报告，可以从其位置、特点及对人们生产、生活的影响等方面展开。

第三节　鬼斧神工塑地貌

人们在领略大自然风光时，常常会感叹大自然的鬼斧神工。大自然是最伟大的建筑师，在中国 960 多万平方千米的土地上，造就了五彩斑斓、丰富多样的地貌。

内外合力地貌成

从高空俯瞰中国大地，西南地区的喀斯特地貌、东南地区的丹霞地貌，西北地区的雅丹地貌等千姿百态。这些地貌是如何形成的？塑造这些地貌的是一双看不见的“手”——地球的内力作用和外力作用。

内力作用相当于人的左手，“力量”来源是地球内部产生的巨大能量。左手有两大技能，第一技能是地壳运动，第二技能是岩浆活动。内力作用会在地表形成高山或者低地，使地表变得凹凸不平。地壳水平运动常常会使地壳弯曲变形，形成高大的褶皱山脉。地壳水平张裂，大地会形成裂谷，如果有海水进入，随着裂口的扩大会形成海洋。当地壳上下运动时，会造成地表的高低起伏，引起海陆变迁。地球内部的地幔中有滚滚岩浆，当这些岩浆沿着裂隙喷出地表冷却后就会变成固体，堆积在地表，形成火山。

外力作用相当于人的右手，“力量”的来源是重力能和太阳辐射能。外力作用更多是对地表现有的形态进行雕刻。“右手”手里有四把雕刻刀，分别是风化、侵蚀、搬运和沉积。雕刻是门手艺活，需要精雕细琢，并且花费一定的时间。当大自然用“右手”雕刻时，常常削高填低，使地表趋于平缓。大地正是在这样的内、外力作用下才呈现出千态万状的地貌。

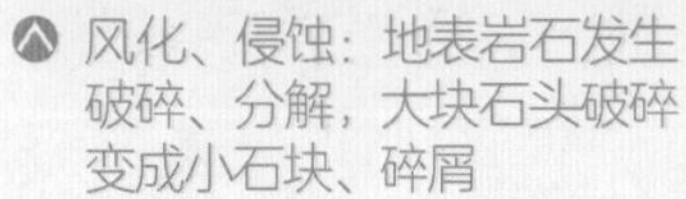
风化、侵蚀：地表岩石发生破碎、分解，大块石头破碎变成小石块、碎屑

搬运：流水将地表的碎屑带走（小石块被流水搬运）

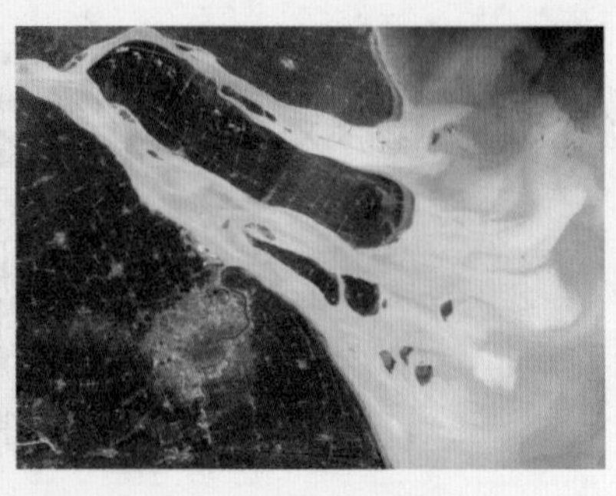
沉积：随着流水速度减慢，搬运能力变弱，碎屑物质重新沉积形成新的地貌，如平原

喀斯特地貌

在中国的西南地区有很多石头形成的“树林”，这就是喀斯特地貌的一种。喀斯特地貌因最初在欧洲的喀斯特高原上发现而得名。喀斯特地貌很有特点，在地表常发育成石芽、石林、峰丛、峰林、天坑等，形态各异。喀斯特地貌不仅发育在地表，也发育在地下。地下溶洞常常是喀斯特地貌的代表作，洞穴中有钟乳石、石笋和石柱等。

喀斯特石林

喀斯特地貌主要是由外力作用，尤其是流水作用而形成的。当然，并不是所有的岩石都能形成喀斯特地貌，能形成喀斯特地貌的岩石必须是可溶性的，较常见的是石灰岩（主要成分是碳酸钙）。可溶性岩石受水的溶解作用和伴随的机械作用形成形态各异的喀斯特地貌。因此，喀斯特地貌也被称为岩溶地貌。

中国是世界上喀斯特地貌分布最广的国家之一。中国的喀斯特地貌主要分布在西南地区，桂林山水就是典型的喀斯特地貌。

拓展阅读 **大国重器——“中国天眼”**

有“中国天眼”之称的世界最大口径球面射电望远镜(FAST)坐落在中国贵州省黔南布依族苗族自治州平塘县大窝凼。大窝凼是个典型的喀斯特天坑，天然形成的洼地正好放置“中国天眼”这个大家伙。

中国天眼

丹霞地貌

丹霞地貌在中国广泛分布。丹霞地貌是由红色陆相碎屑岩发育的以赤壁丹崖为特征的地貌类型总称。简单来说，丹霞地貌就是具有红色土层的陡崖坡，而土层之所以呈现红色是因为其中的铁离子被氧化了。红色土层受到流水或者重力作用被“雕刻”出陡崖坡，从而呈现出峰状、柱状和塔状等不同形态。

雅丹地貌和丹霞地貌的区别

丹霞地貌主要为红色岩层，而雅丹地貌中的“丹”和颜色没有关系。雅丹是从维吾尔语直接音译过来的，在维吾尔语中意思是具有陡壁的小丘。

雅丹地貌是典型的风蚀地貌，多分布在风力较强的西北干旱区。

丹霞地貌是在内、外力作用的共同影响下形成的，流水侵蚀是其主要成因之一。我国的丹霞地貌分布广泛，丹霞地貌的命名地就是位于广东的丹霞山。丹霞地貌不仅在中国东南地区有分布，在中国西北和西南地区也均有分布。中国是世界上丹霞地貌分布面积最大，发育最为典型的地区。

雅丹地貌

丹霞地貌

黄土高原

在中国的中部有一片黄土地，这里是世界上黄土分布最广、最厚的地区——黄土高原。从高空俯视，黄土高原支离破碎、千沟万壑。沟壑之间平

黄土塬

黄土梁

黄土峁

坦的地形称为黄土塬，像蛇一样呈条状的是黄土梁，像馒头一样隆起的小山丘叫黄土峁。

这些黄土是从哪里来的？目前主流的观点认为黄土是由风吹来的。这些黄土被风从中亚、蒙古高原和我国西北的戈壁、荒漠吹来，证据就是科学家发现，从西北向东南一直到黄土高原，地表土层的颗粒越来越细，这是因为这个地区的盛行风向就是自西北向东南，越往东南风力越弱，土层的颗粒越细。

大自然塑造了千姿百态的地貌，每一种地貌都经历过大自然长时间的雕刻。欣赏它们不仅是在欣赏美景，更是在进行一场与时间、大自然的对话。

第四节　雄伟秦岭济中华

秦岭是中华文化的重要象征，是中华民族的祖脉，也是我国的中央水塔。它滋养着大半个中国，不仅是动植物的天堂，也是人类的家园。

中华民族的祖脉

从高空俯瞰中华大地，能够清晰地窥见秦岭的山势走向，包括其主峰太白山等在内的众多山峰构成的雄伟山形，像中华大地上的一条让人叹为观止的巨龙。

秦岭崛起于中国的中心地带，就像一道天然的屏障横亘在中国的中部。其主体位于陕西省南部。秦岭有着丰富的文化内涵，它分关陇，环汾渭，隔秦楚，统巴蜀，这里将秦文化、楚文化、巴蜀文化乃至羌氐文化兼收并蓄，融为一体。据历史学家考证，早在 6000 多年前，生活在这里的半坡人，就

秦岭

> **·信息卡·** **“寿比南山”是哪座山?**
>
> 在秦始皇统一六国之前，秦岭因支脉众多、绵亘千里，曾一度被称为中国众多山脉之祖“昆仑”；秦岭中有一座山峰因在陕西省西安市的南部，因而又被称作终南山或南山，今天我们给老人庆祝生日时说的“寿比南山”指的就是终南山。

已经种植粟；而与此非常相似的是，生活在秦岭西部（主要在今甘肃省天水市）的大地湾人，在 8000 年以前就开始种植五谷之一的黍了。

中国地理的南北分界线

秦岭与淮河缀连成中国大地的南北分界线。中华文明的两大母亲河——黄河与长江，自西向东分布于秦岭的南北两侧；它们各自最大的支流——渭河与汉江都发源于秦岭；两条河流先后孕育出一北一南遥遥相对的两大地形区——关中平原与四川盆地。

秦岭主峰太白山，海拔 3767 米

秦岭还具有调节气候的作用。它以“一己之力”抵挡来自北方的寒流，也阻挡着暖湿气流北上的步伐，这使得秦岭以南地区 1 月平均温度高于 0℃。

地质学家还发现秦岭的山体本身也有“南北差异”。在地质构造上，秦岭北坡为一条大断层崖，气势雄伟，坡短而陡峭，河流深切；南坡则明显长而和缓，有许多条近于东西向的山岭和山间盆地。所以太白山、骊山、华山等一众名山多位于山势陡峭的北坡，形成壁立山峰，俯瞰着北面的关中平原。

长江流域和黄河流域的分水岭

秦岭是长江流域和黄河流域的分水岭。秦岭以北，水流湍急。西安地处关中平原中部，素有“八水绕长安”的美称，八条河均属黄河水系。历史上西安水源充沛，水网密布，不仅奠定了周秦伟业，更成就了汉唐盛世。秦岭南部地处中国湿润地区，年降水量高于北部，河流众多。其中，汉江的径流量远高于渭河，位于其中上游的丹江口水库正是南水北调中线工程的主要水源地。

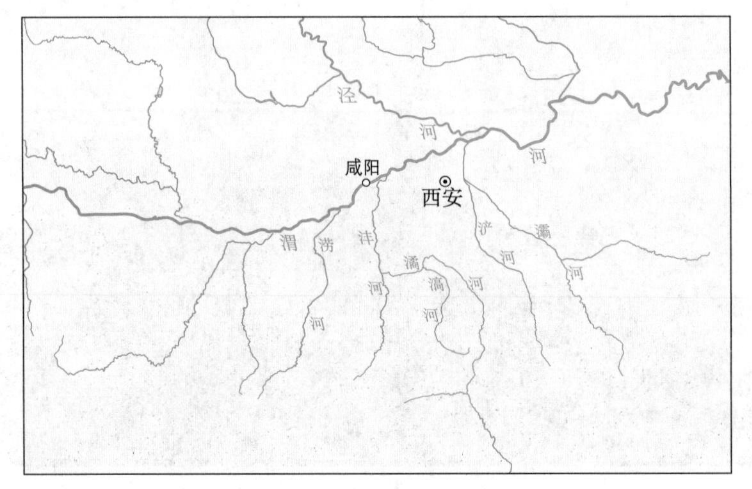

“八水绕长安”示意图

孕育生灵

秦岭绿意葱茏、生机盎然，是中国重要的生态安全屏障。秦岭植物起源古老，区系复杂，分布典型，主体地区（陕西段）内高等植物种类达4700余种，其中种子植物占比最高，达3800余种，半数为中国特有种，包括独叶草、红豆杉、太白红杉等国家重点保护植物。

红豆杉

秦岭的万山沟壑还哺育了近千种野生动物。秦岭的羚牛、朱鹮、大熊猫和金丝猴并称为“秦岭四宝”。羚牛和金雕等耐寒动物多在海拔3000米以上的高山草甸区出没。海拔700～3000米处的混合林区则是大多数动物的天堂，大熊猫秦岭亚种和川金丝猴就钟爱于此。珍稀候鸟朱鹮主要栖息在海拔700米以下的湿地。

川金丝猴

金雕

大熊猫

中国重要的地理分界线——“秦岭—淮河”线

降水量

地理学家通过对多年平均降水量的分析发现，“秦岭—淮河”线与我国 800 毫米年等降水量线基本重合，而 800 毫米年等降水量线正是我国湿润区和半湿润区的分界线。

温度

“秦岭—淮河”线也基本上与我国 1 月份 0℃等温线重合。0℃等温线决定了河流冬季是否结冰。“秦岭—淮河”线以南区域 1 月份平均气温在 0℃以上，河流在冬季基本不结冰，而“秦岭—淮河”线以北区域 1 月份平均气温低于 0℃，河流在冬季一般结冰。

农业

“秦岭—淮河”线是中国耕地类型中旱地和水田的分界线，这也是中国主要粮食作物小麦和水稻种植区的分界线。

探索与实践

了解自己的家乡，推断自己家人生活的地方位于秦岭以南还是以北，并给出推断理由。

第五节　世界屋脊地之极

青藏高原主要包括西藏自治区、青海省大部分、四川省西部、甘肃省和新疆维吾尔自治区的少部分，面积约 230 万平方千米，平均海拔超过 4000 米。它比世界上海拔最高的大陆——南极大陆还要高出约 2000 米，因此人们称它为“世界屋脊”“世界第三极”。

来自海底的“世界屋脊”

为什么说青藏高原来自海底呢？原来，距今两三亿年前的地球与今天相比，地貌大相径庭。人们在青藏高原发现了海洋生物化石，证明这里在很久以前还是一片汪洋大海。由于地球内部的剧烈运动，大约在距今 6500 万年的时候，印度洋板块与亚欧板块相互碰撞，形成了青藏高原及高原内的一系列高大山脉。到了距今 250 多万年的时候，喜马拉雅山区的

青藏高原上的雪山

抬升速度加快，于是，喜马拉雅山区甚至整个青藏高原逐渐变成了今天的“世界屋脊”。

“世界屋脊”塑格局

从地图上可以看出，青藏高原非常醒目，它位于中国西南部，确立了中国地势西高东低的特征。

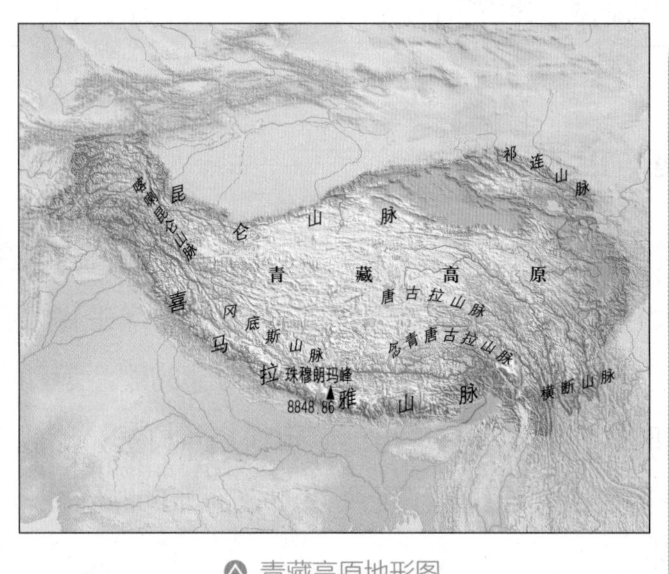

青藏高原地形图

青藏高原拥有世界最高峰——珠穆朗玛峰（海拔 8848.86 米），世界第二高峰——乔戈里峰（海拔 8611 米），以及希夏邦马峰、南迦巴瓦峰和冈仁波齐峰等。众多的高山矗立于中国西部，加上它们周围一列列绵延的高大山脉，共同塑造了中国地势的第一级阶梯。

“喜马拉雅造山运动”能量巨大。青藏高原被迫抬升的同时，中国其他地形区同样受到影响。内蒙古高原、黄土高原、云贵高原等形成海拔 1000 ~ 2000 米的第二级阶梯；大兴安岭、太行山、巫山、雪峰山以东地区的第三级阶梯则保持着海拔不足 500 米的地势。中国地势西高东低，大致呈三级阶梯状的地理格局就此定形，中国地貌的复杂多样也就此呈现。

高原“抽风机”

青藏高原对周边区域乃至全球大气环流产生了重大影响。青藏高原地处北纬 30° 附近，是盛行下沉气流的亚热带地区。气流从高空到地面下沉的过程中，温度升高，水汽蒸发，难以成云致雨，所以这个区域的气候大多十分干旱。但是，同纬度的中国南方地区降水充足，气候湿润，这种特例正是青藏高原发挥“抽风机”功效所产生的。

青藏高原的隆起，阻挡和改变了盛行西风、东亚季风和南亚季风三股气流的路径。南亚季风、东亚季风都被“抽吸”进入大陆，让来自太平洋和印度洋的水汽，降落在了中国的南方地区。同时，中国的三大自然区——东部季风区、西北干旱区、青藏高寒区就此形成。

青藏高原“抽风机”示意图

·信息卡·　高原“抽风机”的原理

平均海拔 4000 米以上的青藏高原，会比平原地区接收到更多的太阳辐射。在夏季，青藏高原地表吸收的太阳能不断加热地表上方的空气，大气受热上升，地面气压降低，高原开始“抽吸”外围的气流进行补给，一个大型的“抽风机”就这样形成了。

第三极身高的“密码”

2020 年 5 月 27 日，中国珠峰高程测量登山队成功登顶珠峰，为珠峰再次测量身高。此前，中国测绘工作者对珠峰进行过 6 次大规模测绘和科学调查。中国曾在 2005 年使用传统的大地测量等方法，首次测量了峰顶处的岩面高程，最终获得了 8844.43 米的准确数据。15 年后，珠峰测量再次实现。重测珠峰的一个原因是珠峰的高度每年以非常慢的速度在变化。另一个原因是尼泊尔 2015 年曾发生 8.1 级强烈地震，导致珠峰的高度再次发生变化。

随着测量技术的不断进步，中国测绘工作者把中国自主研制的北斗卫星导航系统带到了世界最高峰。同 2005 年相比，2020 年珠峰高程测量的科学性和可靠性都有了明显提高。此次对珠峰地区进行科学考察获得的数据成果，为珠峰地区的生态环境保护、地质调查、地壳运动监测等提供了重要的数据和技术支撑，为人类认识地球环境、探索世界奥秘贡献了力量。

第四章 山容万物资源多

山包罗万象，山中有丰富的矿产和多样的物种。古人云“天覆地载，山容海纳”，其意是天所覆盖的和地所承载的世间万物，都能被山和海所包容。因此，山容海纳又经常被用来比喻人的胸怀宽广，如唐代欧阳詹在《送张尚书书》中所言：“以尚书山容海纳，则自断于胸襟矣。”

第一节　琳琅满目山矿藏

矿产资源是人类生存与社会经济发展的物质基础。中国幅员辽阔，地质环境多样，众多的山脉中蕴藏着丰富的矿产资源，中国现已探明的矿产资源有 170 多种，真可谓琳琅满目。

中国名山多颜色

丹霞地貌

在你的印象中，山是什么颜色的？你可能会说，山是绿色的。那么，山只有绿色的吗？在中国甘肃有一座山就呈现出红、黄、橙、绿、白、青灰、灰黑等多种颜色，且层次交错、色彩斑斓，它就是著名的张掖丹霞地貌。

赤峰红山

位于内蒙古东南部的赤峰市是著名的中国新石器时代红山文化发源地。赤就是指红色，该市就是因红色的山峰而得名。

有颜色的山体在中国还有很多。它们为什么会呈现出多彩的颜色呢？归根结底是山体岩石中的矿物在起作用。丹霞山中的岩石主要沉积了含钙元素和铁元素的矿物，再经过各种地质运动和化学变化，就呈现出了彩色；赤峰红山中的岩石主要是由钾长石、石英、黑云母等矿物质构成，其中钾长石（主要表现为红色）的含量较高，所以山呈现红色。

矿产资源种类多

你知道矿产资源分类的依据吗？很多人认为，矿产是各种各样的小石块或者泥土，是再普通不过的东西，但他们并不知道这些小石块和泥土的成分是不同的。矿产资源主要就是根据其中所含元素的种类及含量进行分类的。

中国的钨、锑、稀土、钛、膨润土、芒硝、重晶石等矿产的储量居世界首位，煤、铁、铅、锌、铜、银、汞、锡、镍、磷灰石、石棉等矿产的储量也居世界前列。

如果再进行细分归类，还可以将矿产资源分成金属矿产资源和非金属矿产资源。金属矿产又可以分为黑色金属和有色金属。

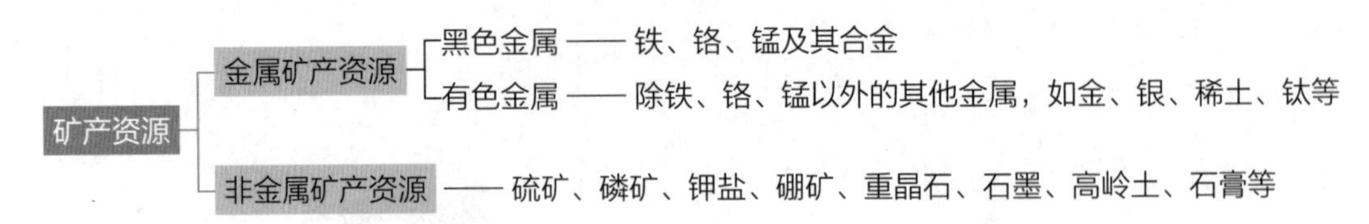

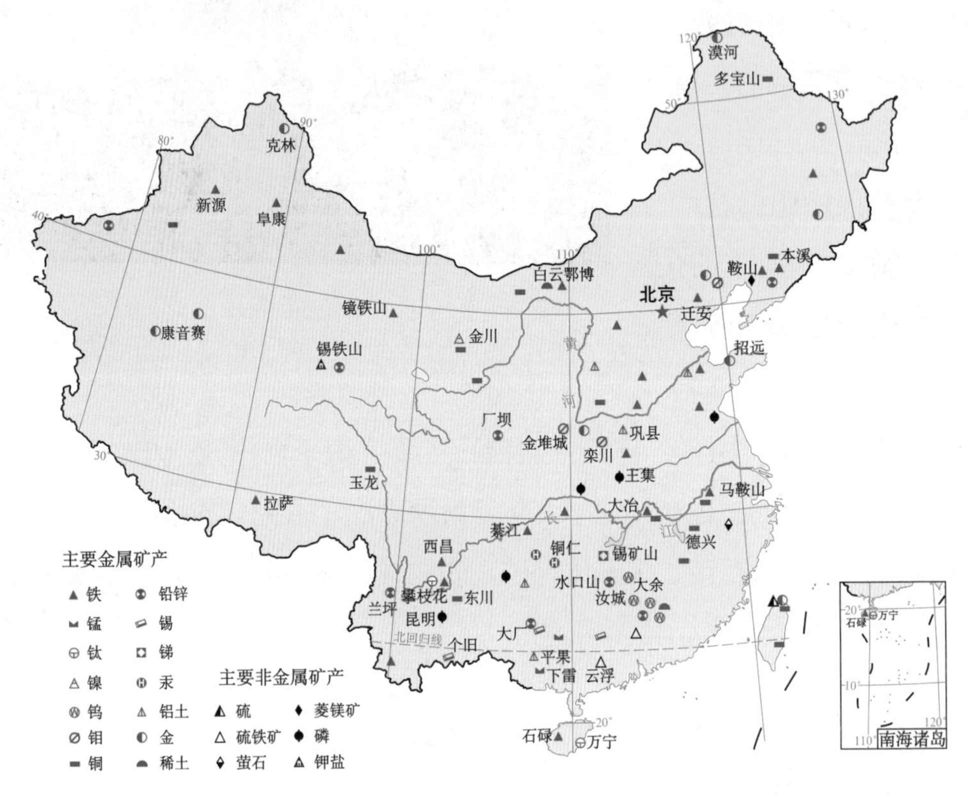

中国主要矿产分布示意图

由于有色金属具有种类多、用途广、难冶炼等特点，国家专门设立了有关机构来研究有色金属矿产的开发、冶炼和应用。北京、上海、广州、兰州、沈阳等地均设立了有色金属研究院。

矿产资源用途广

矿产资源对人类有极其重要的价值。但是，我们很难想象出这些看似普通的石块或者泥土是如何发挥出它们的价值的。事实上，刚开采出来的矿产大多数是不能被直接利用的，而是要经过一系列的加工，再应用到工业生产中，进而制成各种产品。

1. 景德镇的瓷器

瓷器是中国的特产。瓷器是用黏土烧制而成的，黏土到处都有，为什么景德镇的瓷器在世界上更知名呢？究其原因是这里有一种非常特殊的黏土——高岭土，该土以景德镇高岭村而得名。高岭土质地洁白细腻，具有良好的可塑性和耐火性，用其烧制出的瓷器白如玉、明如镜、薄如纸、声如磬，精美无比。

高岭土　　景德镇瓷器

2. 工业中的“维生素”

维生素是维持人身体健康必不可少的营养物质，那么什么矿产能够作为工业中的“维生素”呢？它的名字叫稀土！

稀土是“土”吗？稀土不是土，而是一系列有色金属的合称，是装备制造业、新能源等高新技术产业不可或缺的原材料。

3.“太空金属”性能强

“太空金属”是来自太空的金属吗？太空金属是一种比喻，不是指它的来源而是指它的用途。它就是重要的金属——钛。钛因具有重量轻、强度高、抗腐蚀能力强等特点，常被用来制造火箭、太空飞船等，因而被称为“太空金属”。

钛工业零件

矿产资源是大自然对人类的馈赠。由于矿产资源是不可再生资源，人们既要科学开发与合理利用矿产资源，同时也要有意识地保护矿产资源。

探索与实践

了解金属铜的冶炼历史

大多数矿产资源需要经过冶炼才能加以利用。中国是利用铜矿最早的国家。三星堆出土了大量的青铜器，这主要是因为中国不仅铜矿丰富，且当时铜的冶炼技术相对比较成熟。请查阅资料，了解一下铜的冶炼历史吧。

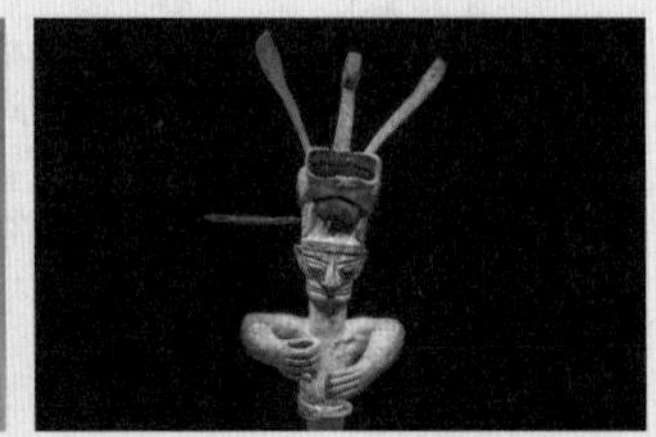
三星堆出土的青铜器

第二节　珍禽异兽藏众山

“珍禽异兽”出自《尚书·旅獒》，意为珍奇的飞禽，罕见的走兽。中国地形地貌类型丰富，气候类型复杂多样，地形地貌与气候条件共同对中国野生动物的分布产生了重要的影响。连绵起伏的大山为珍稀的野生动物提供了栖息地。

山里有哪些野生动物？

在中国的群山之中，生活着很多具有特色的动物。东北大兴安岭中的东北虎是少见的分布在寒冷地区的虎；青藏高原上的牦牛与平原地区的黄牛和水牛有着巨大差别；还有在崇山峻岭的保护下得以生存的朱鹮，在人们的不断努力下，数量正在逐渐壮大。

中国的野生动物物种丰富，陆生脊椎动物有 2900 多种，占世界全部种数的 10% 以上，其中珍稀濒危种类较多，如东北虎、褐马鸡、雪豹、藏羚羊、黑颈鹤、朱鹮、川金丝猴、大熊猫等。

谁藏在陡峭的山崖上？

生活在山地的动物往往练就了一身飞檐走壁的本领，其中岩羊可以算是动物界的“攀岩高手”。岩羊因主要栖息在海拔 2100 ~ 6300 米的高山裸岩地带，故称岩羊。岩羊的形态介于绵羊与山羊之间，身体较瘦，肌肉发达的后肢具有惊人的爆发力。岩羊利用细小的蹄尖在狭窄的山崖上跳跃行走，这种行走方式

飞檐走壁的岩羊，与环境融为一体

的好处是蹄与地面的接触面积较小。在人类眼中看似非常陡峭的山崖，在岩羊的眼中实际上是一个个“小阶梯”。岩羊的两个蹄趾可以分开，且蹄子的前端非常细小，如果岩石上有缝隙，蹄子就可以插入，从而固定自己的身体。

岩羊的栖息环境独特，同时它具有与环境几乎融为一体的体色，从而减少了许多食肉动物的威胁。岩羊真正意义上的天敌只有一个，那就是“雪山之王”——雪豹。别看岩羊能够灵活地在崖壁上跳跃，但面对身手更加矫健的雪豹就略显逊色了。雪豹是最擅长在陡峭山崖间行走的猫科动物，它们运用宽大的脚掌和尖利的爪子来固定身体；用一条几乎与身体等长的粗大尾巴在崎岖不平的山路上保持平衡。为了提高捕猎的成功率，雪豹通常采取伏击的方式捕食岩羊。

谁是深山中的百兽之王？

长白山地区是东北虎的家园。长白山脉是东北地区主要的山脉之一，蕴藏着丰富的生物资源，这里纬度和海拔较高，因而有很多适应寒冷环境的独特的动物栖息于此，东北虎就是其中之一。

东北虎

东北虎又叫西伯利亚虎，主要生活在中国东北部及俄罗斯远东地区。东北虎体形硕大，成年雄性东北虎体重平均约 250 千克，是体形最大的虎。一身黄色的浓密厚毛间隔排布着黑色条纹，这是穿行在山林间绝佳的“隐身衣”；东北虎前额的黑纹就像汉字中的“王”字，使它看上去勇猛威武，故而东北虎有着“山中之王”的美誉。东北虎在捕猎鹿、野猪等动物时，往往需要穿行几十千米甚至上百千米的路程，因此只有栖息地足够大才能满足东北虎的捕猎需求。由于栖息地被破坏与偷猎行为的发生，野生东北虎的生存受到了威胁。值得庆幸的是，中国政府已经采取了有效措施，保护东北虎及其生活的原始森林，为东北虎提供了安全的生存环境。

“高原之舟”指的是什么？

青藏高原海拔高，天气寒冷，只有适应高原生活的动物才能在此生存。牦牛就是生存于此的动物之一。牦牛被誉为“高原之舟”，是一个非常古老的物种。为了适应高原的环境，牦牛骨骼粗壮，身形硕大，拥有又长又厚的毛，腹部的长毛甚至能够拖到地上，这能够使它有效地抵御高海拔地区的严寒。牦牛的蹄子宽大，蹄后部相对柔软，能够增大承重面积，起到防滑缓冲的作用。牦牛的肺活量很大，血液中血红蛋白的含量更是动物中的佼佼者，这让它们能够很好地适应高原上空气稀薄的环境。牦牛嗅觉十分敏锐，性情警觉暴躁，就连雪山上的顶级捕猎者雪豹也对它们敬而远之。正因如此，牦牛才能够在条件恶劣的高原上自由自在地生活，繁衍至今。

野牦牛

牦牛在牧民心中有着极高的地位。牦牛全身是宝：牦牛毛可以用来编织衣物，为人们抵御寒冷；牦牛肉可以被制成肉干，为人们提供蛋白质；从牦牛奶中提炼出来的酥油，可用来制作高原上最富有特色的饮品——酥油茶；就连牦牛粪在晒干后也可以作为日常生火的燃料。对于牧民来说，牦牛还是最勤劳可靠的运输工具。

酥油茶

牦牛肉干

大山庇护下的“东方宝石”

朱鹮

“东方宝石”是石头吗？“东方宝石”其实指的是朱鹮。朱鹮又称朱鹭，有“东方宝石”之称，它的羽毛洁白，飞翔时会露出翅膀下粉红色的羽毛。每到繁殖季节，成年朱鹮的头部、颈部、肩部都会分泌出一种黑色的物质，将上半身变成灰黑色。

朱鹮曾经广泛分布在东北亚地区，但随着环境的变迁、栖息地被破坏，朱鹮美丽的身影逐渐从人们的视野里消失了。难道朱鹮就这样灭绝了吗？

1981 年 5 月，中国科学院动物研究所鸟类专家刘荫增在陕西省汉中市洋县的山林中发现了当时仅存的 7 只野生朱鹮，其中还包括 3 只未成年的小朱鹮。7 只野生朱鹮的发现为朱鹮保护工作的开展带来了曙光。在鸟类学者、野生动物保护工作者和当地村民的共同努力下，朱鹮种群不断壮大，如今朱鹮的数量已达 9000 余只，中国朱鹮保护也成了世界濒危动物保护的典范。

大山是如何庇护朱鹮的？平原等地区地势平坦，环境容易受到多种因素破坏，如人为干扰、台风等。但山区有高山作为屏障，环境相对稳定和封闭，可以成为朱鹮的庇护所。

很多野生动物依山而生，广泛分布在祖国的各个山区，这些多样的动物为平衡生态系统做出了巨大贡献，也帮助人们更好地认识自然环境。

第三节　奇花异草饰山川

“奇花异草”出自《西京杂记》，意为日常生活中少见的花草等植物。多样的山为不同植物的生长提供了多样的生存环境。每当花开时节，各种植物绽放出绚丽的花朵，争奇斗艳，为高山平添了无限生机。

山，造就了多种多样的植物

“一山有四季，十里不同天”说的是大山对气候的影响。有时，山顶白雪皑皑、山下已是春暖花开。也正因此，不同的山上生长着不同的植物，有时即使同一座山的不同海拔或者不同的坡向生长的植物也不尽相同。东北大兴安岭的针叶林、针阔混交林，秦岭的阔叶林，青藏高原的高原植被，云南西南部的热带雨林……每个地方都有其独特的植物。

高山观赏植物

你知道吗？被称为“世界三大高山花卉”的杜鹃花、报春花和龙胆花大都来自中国的山地或高原。它们绚丽的色彩和独特的花形受到全世界植物学家、园艺学家的青睐。

报春花

杜鹃花

龙胆花

唐朝诗人白居易曾写过一首《山枇杷》：“深山老去惜年华，况对东溪野枇杷。火树风来翻绛焰，琼枝日出晒红纱。回看桃李都无色，映得芙蓉不是花。争奈结根深石底，无因移得到人家。”诗人所描写的野枇杷是我们吃的枇杷吗？其实不是的。在诗人眼中，花色红艳，连桃花、李花、芙蓉都比不过的野枇杷其实是扎根大山的杜鹃花。

杜鹃花是一类花的总称，全世界共有 900 多种杜鹃花，其中有 500 多种生活在中国。在中国西南部的横断山区既有高一二十米的大树杜鹃，又有高度不足 10 厘米的紫背杜鹃，花色更是有粉、白、黄、红、绿等颜色，美不胜收。

深山老林里的草药王国

文王一支笔

有些植物不但美丽，还具有神奇的药效。在中国的湖北省西部有一座连绵的大山叫作神农架，传说是神农尝百草的地方。特殊的山地环境和气候特点使得这里成为一座植物宝库。这里具有药用价值的植物超过1800种，有“天然药园”之称。其中“文王一支笔”“七叶一枝花”“头顶一颗珠”“江边一碗水”被誉为神农架四大著名药用植物。

“文王一支笔”，又名筒鞘蛇菰。相传，周文王醉后不慎将笔丢落到山崖之下，后来这笔便化作一株植物。其实，筒鞘蛇菰是一种寄生在杜鹃花根上的神奇植物。筒鞘蛇菰没有叶子，也不能自己进行光合作用，只能从其他植物的体内吸收营养。每年7、8月间，筒鞘蛇菰会长出花序，形状像笔一样，十分奇特。筒鞘蛇菰的药用价值在《本草纲目·拾遗》中已有记载，它具有清热解毒、止血消炎、止痛等功效。

“七叶一枝花”，花如其名，叶片数量为1～14片不等，以6～7片为主，一般一年长一节。“七叶一枝花”的根茎可以入药，科学家通过对其化学成分进行分析，发现它含有皂苷及多种氨基酸等，具有散结消肿、消炎止痛等功效。

七叶一枝花

生活在山谷的延龄草，由三片叶子加一朵花组成，当花谢后，植株会结出一枚黑紫色的球状浆果，这浆果就像一颗黑紫色的珍珠，因此延龄草又被称作“头顶一颗珠”。延龄草具有祛风舒肝、解毒等功效。

“江边一碗水”又叫八角莲，因其叶子有八个角而得名。八角莲的根状茎具有清热解毒、化痰散结、祛瘀消肿的功效。

在高原山地中还藏着很多具有药用价值的植物，这些植物也是守护人类健康的卫士。

头顶一颗珠

江边一碗水

·信息卡·

流石滩上的百花园

满是碎石的流石滩也能变成五彩斑斓的百花园。位于高山草甸之上，雪线以下，海拔 4000 米左右的流石滩是高山地区最独特的生态系统。在高原阳光强烈照射和巨大的昼夜温差共同作用下，山体岩石风化、崩裂，形成大大小小的石块，碎石堆积形成了流石滩。别看秋冬季的流石滩一片荒芜，毫无生气，到了春、夏季节，它就会摇身一变，成为美丽的百花园。

荒芜的流石滩

开满鲜花的流石滩

自带“温室”的雪莲花

每年 7 ~ 9 月是雪莲花的花期，雪莲花盛开时就像洁白的莲花，因而得名。其实人们看到的“花瓣”并不是雪莲花真正的花瓣，而是雪莲花的苞片。这些苞片呈淡黄色、半透明的膜状，在夜间降温时能闭合起来为里面娇嫩的球形花序打造一个小温室，以保证花能够顺利长成果实。雪莲花生长缓慢，植株一旦被破坏就很难再恢复，因此，雪莲花曾一度面临灭绝的危险。1996 年中国就已将天山雪莲列为国家二级保护植物，使其得到了应有的保护。

雪莲花

植物是生态系统中重要的组成部分，关系到地球上生物的生死存亡。大山是植物的家园，每一个中华儿女都要做自然的守护者，守护植物家园。

探索与实践

花卉栽培

选择一种你喜欢的花卉，通过查阅资料，了解它的栽培历史、栽培方法等知识，尝试种植并观察记录植株的生长变化过程。

记录表

时间	植株生长情况	栽培管理措施

第四节 山清水秀依山居

与平原相比，山区有着截然不同的自然环境，中国的许多少数民族都聚居在山地，利用山地资源形成自给自足的生存环境。从古至今，无论是原始人居住的洞穴，还是苗族人依山而建的吊脚楼，中国的“居山者”总能利用山地的天然优势创造出适合生活的居住空间。

山中的洞穴

据《隋书·南蛮传》记载，古代南方少数民族“随山洞而居，古先所谓百越是也”。由此可见，南方许多古人都曾居住过山洞。从大量的考古遗迹中发现，在距今五十万年前的旧石器时代初期，我国境内的原始人曾利用天然崖洞作为居住处所。

白天，原始人采集果实，到河中捕鱼，到森林中狩猎。傍晚，他们敲打燧石燃起篝火，御寒取暖，烧烤食物

1929 年裴文中先生在北京城郊周口店龙骨山发现了“北京人”的第一块头盖骨。我们不妨展开想象：几十万年以前，“北京人”发现了龙骨山上既可以避风遮雨，又可以防止猛兽袭击的天然山洞，于是在这里定居生活。

在中国境内其他地方，天然洞穴分布也很广泛。如在山西省垣曲县、广东省韶关市、湖北省长阳土家族自治县、江西省万年县等地都发现了原始人类居住的痕迹。洞穴为原始人类提供了最初的家园。

苗家吊脚楼

吊脚楼

苗族的吊脚楼通常建造在依山傍水的斜坡上。当地人习惯把地削成一个“厂”字形的土台，土台下用长木柱支撑，按土台高度取其一段装上穿枋和横梁，与土台平行。低的吊脚楼有七八米，高的有十三四米。屋顶除少数用杉木皮覆盖之外，大多盖青瓦，平顺严密，大方整齐。吊脚楼一般分为三层。由于西南山区潮湿多雨，底层不宜住人。因此，苗族吊脚楼的底层通常用来饲养牲畜或存放劳动工具。第三层开阔通风，可用于储藏粮食。第二层用作生活起居，大而通透，是全家人的居室及客房。垂直空间的功能划分，蕴含着苗族人适应环境、敬畏自然的智慧。

随着时代不断发展，吊脚楼的建造形制也在不断改进，朝着“时尚、美观、实用”的方向发展。这体现了苗族人强大的生存适应能力，以及与大自然和谐共处的自然观。

山城重庆

重庆

山城指的是中国西部的直辖市——重庆。重庆四面环山，依山而建。城在山上，山在城中，故有“山城”之名。那么，依山而建的重庆，经过了怎样的演变历程呢？

重庆，古称江州，拥有着 3000 年的建城史。重庆在中国古代经历了四次大规模的筑城。最早一次是秦国宰相张仪受命灭蜀伐巴，调集士兵和民众首筑江州城，故有“仪城江州”的说法。第二次是三国时期江州都护李严主导的筑城。第三次是南宋时期彭大雅将重庆城进行了扩建。最后一次由明洪武初年戴鼎主持筑城。这 4 次大规模的筑城初步奠定了今天重庆城市的格局。

李子坝轻轨站

如今的重庆已经是一座现代化的大都市。重庆有全国最长的坡地扶梯——皇冠大扶梯，全长 112 米，垂直高度 52.7 米；重庆的轻轨有沿江而过的，有傍山而行的……其中在李子坝轻轨站，轻轨穿楼而过，已成为重庆地标性景点。洪崖洞沿

洪崖洞

江而建，依山而筑，灯火辉煌，是重庆的代表性景观，被称为“千与千寻”的现实版。

重庆这座奇幻山城以它独有的地形和居住特色让许多人印象深刻。依山建城、依山建房、依山修路……重庆人用自己勤劳的双手与智慧，打造了一座立体魔幻的城市。城就是山，山就是城，重庆的山与城早已完美结合，融为一体。

从古至今，中国人向来尊重自然、热爱自然。人与山的和谐相处是蕴藏在中国人基因里的文化，是永存在内心深处的情感。

第五章 钟灵毓秀山中藏

唐代柳宗元在《邕州柳中丞作马退山茅亭记》中云“盖天钟秀于是，不限于遐裔也”，意思是大自然秀美之景聚集在此，不因地处边远而被阻隔。中国拥有众多的山脉，千峰万仞中不仅体现着山川之美，还隐藏着众多独特的生态功能。山是气候的调节器，是河流的涵养源，是生物的基因宝库，是大气减碳的贡献者，还与水、林、田、湖、草、沙一起构成了不可分割的生态系统。

第一节　阴晴雨晦山定夺

与开阔的平原地带相比，高耸的山脉周围往往会出现变幻莫测的天气。在中国，众多不同走向的山脉成了许多地理景观和农业活动的分界线和过渡区，同时，它们也在气候变化中扮演着重要的角色。

山——冷暖干湿的调节器

山地周围很容易出现特殊的降水现象，因为海拔较高的山脉是湿润气流的拦路虎。湿润气流在运动过程中遇到高大山脉的阻隔会被迫抬升，这样空气中的水汽会大量凝结，因此位于湿润气流运动方向上的迎风坡就会形成地形雨。同时，降水量在一定限度内会随着高度的增加而增加。在山地的背风坡，空气较为干燥，加之气流越过高山后以下沉运动为主，空气下沉增温，水汽便难以凝结形成降水，故背风坡一侧降水少。

地形雨形成示意图

·信息卡·　巴山为什么多夜雨？

李商隐在《夜雨寄北》中写道：“巴山夜雨涨秋池”，巴山地区位于我国西南部，那里潮湿多云，而云层对地面有保温作用，使得夜间近地面温度不至于降得过低。于是，夜间云层的上部和下部形成了较大温差，下层的暖湿空气上升促成降水，所以西南山区夜雨就多。

除了调节降水，高耸绵亘的山脉也是气温的调节器。在山地，随着海拔的增加，气温逐渐降低，海拔每升高 100 米，气温就下降 0.6℃。因此爬山时，越是爬到高处，则越是感觉寒冷。

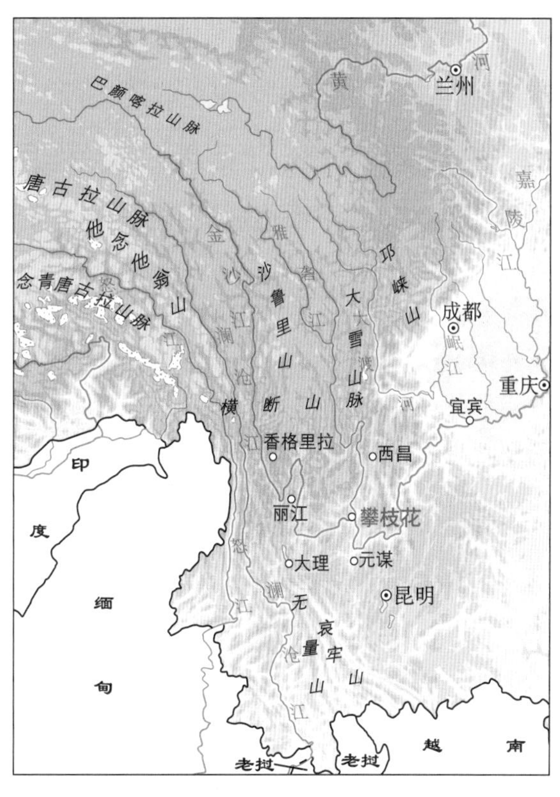

攀枝花周边地形示意图

除了海拔升高带来的气温垂直递减，山脉还是低层空气流动的障碍。在中国，东西走向的山脉在阻碍北方冷空气南下的同时也对北上的暖空气产生一定的阻挡作用，因而使得山脉两侧的气温明显不同。位于四川南部的攀枝花，被称为“温暖之都”。攀枝花北部和西部都有高大的山脉，1 月，北方冷空气南下受到阻隔，加之攀枝花又位于山地的背风坡，气流下沉而增温，因此攀枝花的冬季温暖宜人。

此外，地形和山坡的坡向、坡度，也会对各气候要素产生显著影响，这种影响在农业生产上具有重要意义。

山——植物生长的庇护所

“人间四月芳菲尽，山寺桃花始盛开”描绘了山上、山下桃花花期不同的地理现象。“南枝向暖北枝寒，一种春风有两般”描述了向阳的树枝得到的阳光充足，生长茂盛，背阴的树枝则生长缓慢，这体现了山地坡向对植被的影响。

气温通常随山地高度增加而降低，降水则在一定高度内随山地高度升高而递增。与此同时，从山脚到山顶，风速、太阳辐射强度和土壤特征也都发生着变化。在以上因素的综合作用下，因海拔变化带来的小尺度差异的气候特点，为不同植被的生长提供了天然的庇护所。

·信息卡·

高山地区自然地理环境及其组成要素随高度递变的规律性，称为垂直地带性。垂直带谱是指山地自下而上按一定顺序排列形成的垂直自然带。垂直带谱的性质和类型主要取决于带谱所处的纬度位置和山体本身的特点，如相对高度与绝对高度、坡向、山脉排列形式及局部地貌条件等。

南迦巴瓦峰地处喜马拉雅山脉东端雅鲁藏布江大拐弯内侧，7782 米的海拔为垂直自然带的形成奠定了基础。其垂直带谱之完整，为世界罕见。从山麓到山顶，可以欣赏到热带雨林带到高山冰雪带的植被类型变

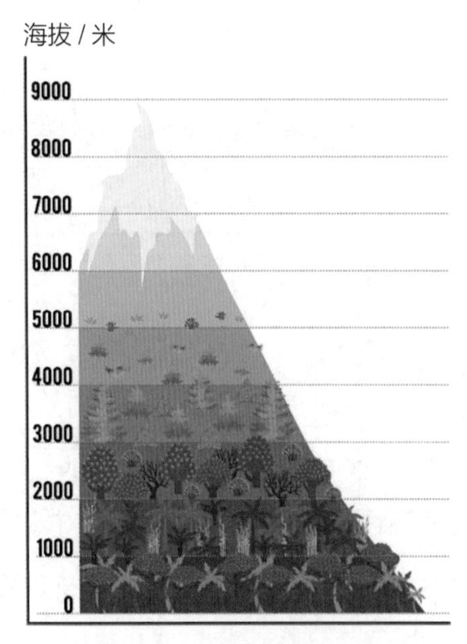

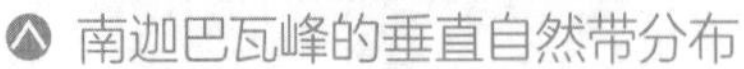
南迦巴瓦峰的垂直自然带分布

化。同样丰富的垂直带谱也出现在天山山脉，这里海拔 1000 米以下地区生长着低矮的灌木，构成了荒漠带。继续向上，则山地布满了优质牧草，构成山地草原带。随着海拔的持续升高，山地针叶林逐渐占领地表。当海拔升高至 2000 ~ 3000 米处时，亚高山和高山草甸地带便映入眼帘。继续向上，植被逐渐变少，主要为以雪莲为代表的高山植被。

第二节　青山常在水长流

人们常说："青山常在，绿水长流。"意思是青山长久存在，绿水永远流淌。相信许多喜欢游山玩水的人都知道，即使没有下雨，山间也有涓涓细流不断流淌。这不禁让人好奇：这些水是从哪里来的？是否会永远流淌呢？如果久不下雨，这些河流是否会断流呢？

河水从哪儿来？

你知道吗，中国是世界上河流众多的国家之一。据统计，中国仅流域面积在1000平方千米以上的河流就有1500余条，流域面积在50平方千米及以上的河流有45000余条呢！

是的，在这些河流中还有很多是闻名世界的大河，比如长江，它是中国最长、水量最大的河流，全长6300千米，流域面积180多万平方千米；黄河是我国第二长河，全长5464千米，它与长江一样，都孕育了中华文明。

哇！那长江、黄河的水都从哪儿来呢？

据测算，49%的黄河水、25%的长江水、15%的澜沧江水都发源自三江源地区。大江大河之所以奔流不息，是因为其背后有层峦叠嶂的山脉为其注入无限活力。

在三江源地区，可可西里山脉、巴颜喀拉山脉、唐古拉山脉及阿尼玛卿山横贯其间，这些山脉的海拔普遍在 3000 ~ 6000 米。一般情况下，当山峰的海拔高于 5000 米时，雪线以上区域会出现积雪终年不化的现象。三江源地区雪山冰川广布，是中国冰川集中分布地之一。在夏季，冰雪融水汇集成河，使三江源地区成为多条大河的发源地。

三江源湿地

天山山脉也孕育了众多大小河流。天山山脉由北天山、中天山和南天山三大山链组成，其中主峰托木尔峰海拔高达 7443 米，也是天山山脉的最高峰。在高山之巅，水汽遇冷凝结，形成片片雪花，雪花飘落后不断堆积压实，形成了大量冰川。据统计，天山山脉拥有大小冰川约 7000 条，面积约 1 万平方千米，堪称“冰川的大本营”。作为“固体水库”，这些冰川也成为新疆不少大河的源头，孕育了新疆境内超过 200 条河流，年总径流量 400 多亿立方米，其中新疆西部的伊犁河支流众多，伊犁河谷河网密布，成了新疆最为湿润的地区。

地下暗河

高山之巅孕育了众多奔腾不息的河流，那么在崇山峻岭之中是否存在地下暗河呢？答案是肯定的。而且地下暗河不仅存在，还能在山中穿行，缓缓流淌。

> **·信息卡·**
>
> 径流可以分为地表径流和地下径流，暗河属于地下径流，也可以称为“伏流”。暗河往往出现在石灰岩广泛分布的喀斯特地貌中。

中国境内发育有一条世界上最长的暗河——龙桥暗河。龙桥暗河位于重庆市奉节县与湖北省恩施市的交界处，穿越长江与清江流域的分水岭，是一个复杂多变的典型的完整暗河系统。暗河从奉节县龙桥乡潜入地下，在流动过程中切穿了 2000 米高的分水岭主脉，最终在板桥镇境内流入沐抚大峡谷，形成清江支流云龙河。

1995 年，中法联合探险队将龙桥暗河探测列为重大科考课题，并进驻龙桥河畔安营扎寨，对暗河进行探险考察。在 1997 年、1999 年和 2001 年，探险队连续 3 次进入龙桥暗河进行考察，寻找暗河的出口，但均无功而返。2004 年 7 月 29 日，中法探险队第五次深入龙桥暗河，经过 12 天的艰苦探险，在暗河入口处投放颜料，然后运用 GPS 卫星定位仪跟踪试验，终于在云龙河峡谷附近，发现了暗河出口，从而准确地测出暗河全长 50 千米。同时，在考察过程中，探险队还发现在龙桥暗河内，有一颗“溶洞珍珠”，这也为龙桥暗河蒙上了一层神秘面纱。

《长江之歌》的歌词写道：“你从雪山走来，春潮是你的风采；你向东海奔去，惊涛是你的气概。”请解释歌词当中蕴含的科学道理。

第三节 峰峦叠嶂蕴生机

在重重叠叠的山林间，可以听到沙沙的树叶声，可以听到叽叽喳喳的鸟叫声，可以感受到万物一派生机盎然的景象。这些不同的生命都是山地多种多样的环境造就的。中国山地物种丰富多样，且独具特色，可谓是生物多样性的神奇宝库。

峰峦中生机勃勃的“植物博物馆”

随着山地海拔的升高，气温逐渐降低，再加上坡度、坡向等因素的差异，在同一座山中便产生了不同的水、热、光等条件的组合，形成了局部小气候。在不同的局部小气候的条件下，生长着不同的植被，这些不同的植被造就了多姿多彩的自然景观，也使得一座座山成了生机勃勃的“植物博物馆”。

天山山脉横贯中国新疆中部，远离海洋。天山看似是干旱之地，却在其北坡海拔 2000 ~ 3000 米处生长着苍翠挺拔的云杉林。

天山雪岭云杉林

天山北坡上为什么会出现云杉林？天山深居内陆，从东南或西南来的海洋水汽均难以到此，这导致海拔 1000 米以下的山麓自然带以干旱的温带荒漠带为主。但神奇的是，在

天山周边地形示意图

海拔 2000 ～ 3000 米的山地，天山的北坡拦截了一部分来自大西洋和北冰洋的水汽，而天山北坡属于迎风坡，一定范围内，降水随海拔的升高而增多，因此，这里的年降水量大多在 500 毫米以上，丰富的降水能满足高大乔木的生长。然而，天山北坡又是阴坡，光照不足，积温低，蒸发较弱，因此形成了特有的云杉林。这处云杉林就是大自然为天山山脉这座“植物博物馆”打造出来的精美“名片”！

山地间鲜活的“动物乐园”

山的岩层中记录着动物物种的演化。山的每一寸空间中都跳动着生命的脉搏。不同的山造就了不同的自然环境，又孕育了多种多样的动物。

枯叶蝶翅背面五彩斑斓，翅腹面色如枯叶，因而得名。

枯叶蝶

枯叶蝶的多样性进化过程是怎样的？它们的“老家”又在哪里？

中国科研团队近年研究发现，喜马拉雅山脉东部地区为枯叶蝶的起源地与分化中心。历史上，随着青藏高原的隆升，在海拔、地形等多种环境因素变化及自然选择的共同作用下，原始枯叶蝶种群离开了高海拔的“家园”，

向低海拔地区“流浪”，在通过基因突变表现出多样性外貌的同时，也在寻求适合自己生存繁衍的新家园。

经历了漫长的时间，来自喜马拉雅山脉东部的枯叶蝶原始种群慢慢演化出多个新物种，也定居在了喜马拉雅山脉周围和东南亚地区。

近 20 年来，中国科研团队还对横断山脉、天山山脉、秦岭等山区的生物多样性的形成机制进行了研究，同样取得了一些突破。虽然还有很多问题需要探索，但是相信随着科学技术的不断发展，科学工作者们会逐一攻克难题，从而制定更科学、更合理的保护策略，更好地保护峰峦叠嶂中的盎然生机。

探索与实践

活动 1. 登山调查：

请你带上指南针、干湿计、GPS 等，在父母或老师的指导和陪同下，借助这些电子设备记录山地不同海拔的环境与物种组成。最后利用调查结果制作一幅登山导游图，分享给更多的人。

活动 2. 科学建言：

通过查阅文献和走访调查等方式，了解家乡山地的生物多样性保护现状与存在的主要问题，思考可以提出哪些建议来推动家乡山地生物多样性的保护工作。

第四节　青山不墨储碳强

在地球演化的漫长岁月中，巍巍青山发挥着非常重要的作用。除了众所周知的各种功能，山体中的岩石还有一种特殊的功能——储碳和碳汇，即减少大气中的二氧化碳含量，降低温室效应。

碳是怎么循环的？

地球上两个最大的碳储存库分别是岩石圈和化石燃料。这两个碳库的含碳量约占地球上碳总量的99.9%。这两个库中的碳活动缓慢，因此被称为储存库。其实，地球上还有三个容量小但活跃的碳交换库：大气圈库、水圈库和生物库。这三个库中的碳在生物和无机环境之间迅速交换。

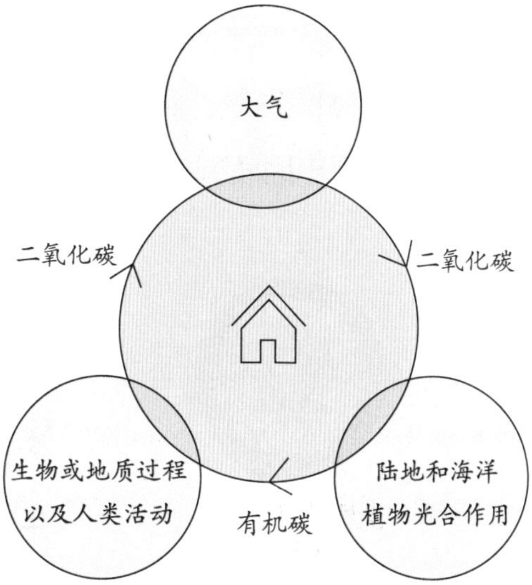

大气
二氧化碳
二氧化碳
生物或地质过程
以及人类活动
有机碳
陆地和海洋
植物光合作用

自然界中的基本碳循环

交换库中的碳是如何进行交换的呢？自然界的基本碳循环是这样实现的：大气中的二氧化碳被陆地和海洋中的植物吸收，然后通过生物或地质过程及人类活动，又以二氧化碳的形式返回大气中。

·信息卡·　碳达峰和碳中和

碳达峰，是某个国家和地区或是某个行业年度二氧化碳排放量达到历史最高值，然后历经平台期进入持续下降的过程，是二氧化碳排放量由增转降的历史拐点，标志着碳排放与经济发展实现脱钩。

碳中和，是通过“抵消”或从大气中去除等量的碳，来平衡温室气体排放量，以达到净碳足迹为零的做法，即计量某个国家、某个地区，或者某个行业，甚至个人，在一定的时间内直接或者间接产生的二氧化碳或温室气体排放总量，以及这些温室气体能否被其他形式所抵消。

岩石碳汇本领强

为了降低大气中的二氧化碳含量，世界各地的科学家都在寻找封存空气中二氧化碳的方法。根据封存主体的不同，这些方法分别被称为海洋碳汇、生物碳汇和地质碳汇等。

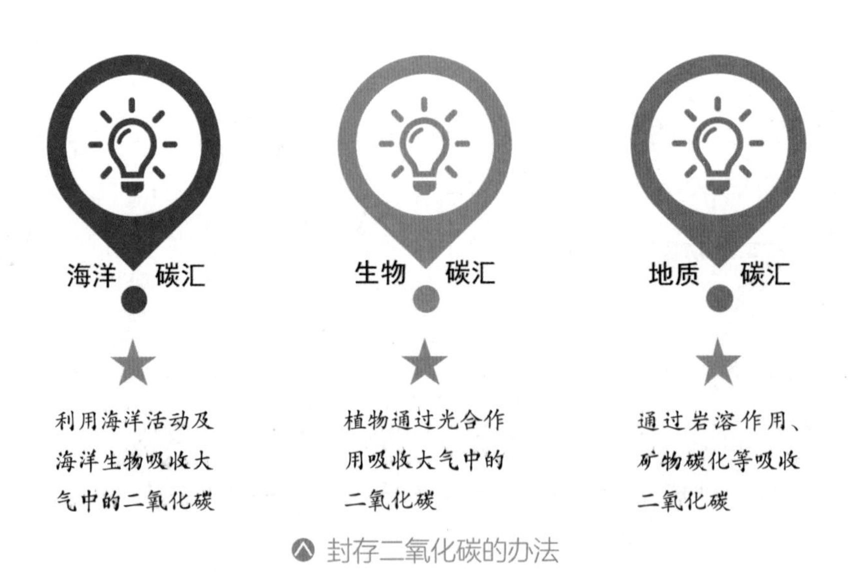

封存二氧化碳的办法

在地球演化的历史长河中，天然的地质岩层在吸收二氧化碳方面发挥着巨大的作用。古老的硅酸盐岩风化消耗大气中的二氧化碳并将其转化为有机碳和无机碳，使得地球大气中二氧化碳的浓度下降，从而使人类得以进化、生存、繁衍。研究表明，在地质历史中，硅酸盐岩的风化平衡了大量火山喷发排放到大气中的二氧化碳，足可见其巨大的碳封存潜力。

除通过岩石的自然风化作用实现碳汇外，还可以通过一定的技术手段主动收集二氧化碳并将各种形式的二氧化碳（气态、液态等）注入地下岩层中，实现碳的封存。

封存地质深度	封存地质特点
· 地下 800 米以下的深度（防止对地表含水层盐度产生影响）	· 孔隙度高 · 渗透性好 · 上含不透水层，防止二氧化碳重回地面

适宜封存碳的地质条件

千万年来巍巍青山在降低大气中二氧化碳的含量方面发挥了重要的作用。未来，山还将继续在人类的生存和发展中做出贡献。

体会岩石的碳汇作用

在透明容器，如玻璃杯、塑料杯中加入一小块石灰岩，然后加入一定量的可乐或者雪碧，观察液体和石块的变化。

第五节　唇齿相依共命运

“唇齿相依”这一成语，比喻双方关系密切，相互依存。中国拥有丰富多样的生态系统类型和地理景观，但每一种地理景观又不是独立存在的，山地、河流、森林、农田、湖泊、草地、荒漠等生态系统类型之间唇齿相依，并与人类同呼吸、共命运，形成不可分割的生命共同体。

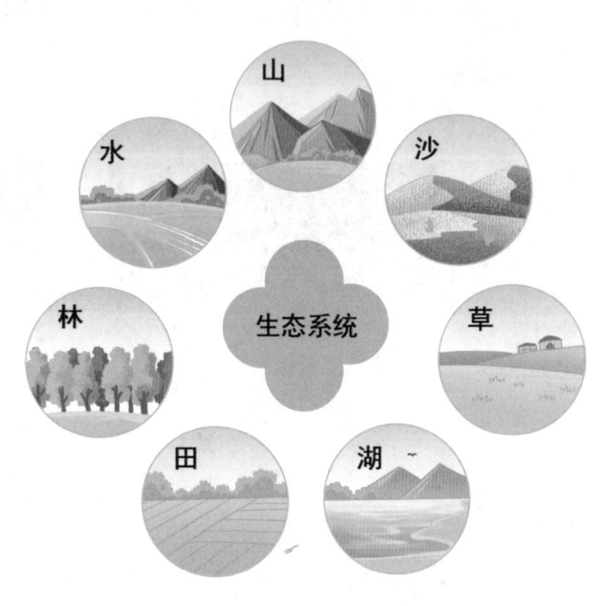

山、水、林、田、湖、草、沙是不可分割的生态系统

循环往复的生态系统

老子在《道德经》中写道：“侯王若能守之，万物将自化。”意思是，侯王若能遵循自然的法则，天下万物就会按照本身的规律而自然变化。自然状态下，天地间的山、水、林、田、湖、草、沙等生态系统按照自身规律，通过物质循环和能量流动，周而复始，无穷无尽地发展变化着。这个过程似乎像生活中常玩的传球游戏，小球在不同参与者手中不停地来回传递，永不停息。

传球游戏

但是生态系统的物质循环和传球游戏又有所不同。小球在来回传递过程中，其物质属性实际上没有发生改变。但是，生态系统中的物质在循环的过程中是变化的，如硫元素在生态系统的循环过程中，含硫的物质在不断地变化。硫元素以含硫氨基酸形式存储在动植物中，当植物的枯枝、落叶与动物遗体经过微生物分解后，含硫氨基酸会转化为土壤中的硫酸盐，并再次被植物吸收用于生长发育。因此，生态系统的物质循环多指组成物质的基本元素，如碳、氢、氧、氮、磷、硫等，以及难以降解的污染物、重金属等，在生物群落与无机环境之间的循环往复。

硫元素循环示意图

同时，能量承载在物质中，也不停地在大气圈、生物圈、水圈、岩石圈等地球圈层中流动。因此，物质循环和能量流动就像一条纽带，将山、水、林、田、湖、草、沙等生态系统串联，形成唇齿相依的整体。

正是这种唇齿相依的关系，使各生态系统相互影响，相互制约，任一环节出现问题，都可能影响整个生态环境的协调发展。比如，以前人们熟知的 DDT（学名为“二对氯苯基三氯乙烷”），是一种高效的杀虫剂，但因其严重污染环境，在中国早已禁用。然而，部分国家由于一些特殊原因还在使用。并且，这些国家使用的DDT，会通过物质循环进入其他国家或地区，使污染范围扩大，最终危害全球生态环境。

·信息卡·　从诺贝尔奖到多国禁用的DDT

DDT是一种高效的有机氯类杀虫剂，且价格低廉。DDT不仅能使农田减少病虫害，还可控制疟疾、黄热病等。但DDT对人体有一定的危害，而且它难以降解，很多物种因其灭绝，又因它严重污染环境，所以被很多国家禁用。但在疟疾流行、蚊虫大量繁殖的南亚地区的部分国家，DDT仍可自由买卖。当地百姓的环保意识比较薄弱，经常将DDT用在蔬菜种植和储存等方面。

天人合一畅未来——生态修复

庄子在《齐物论》中写道："天地与我并生，而万物与我为一。"这就是最早的"天人合一"思想，它强调人与自然和谐共生的关系。唇齿相依的山、水、林、田、湖、草、沙是一个不可分割的整体，任何一个要素的变化都将影响地球整体生态系统的演化与发展。而

历史上，河西走廊原本大河蜿蜒，绿洲片片。但在不知不觉中，河流断流、绿洲萎缩，处处都是戈壁荒漠，呈现出一片荒芜的景象。

祁连山作为河西走廊的"母亲山"，不仅孕育了黑河、石羊河、疏勒河三大水系，滋润了一片片绿洲，哺育了一座座古城，为丝绸之路与沿岸文明做出重要贡献，还阻挡了南侵的风沙。

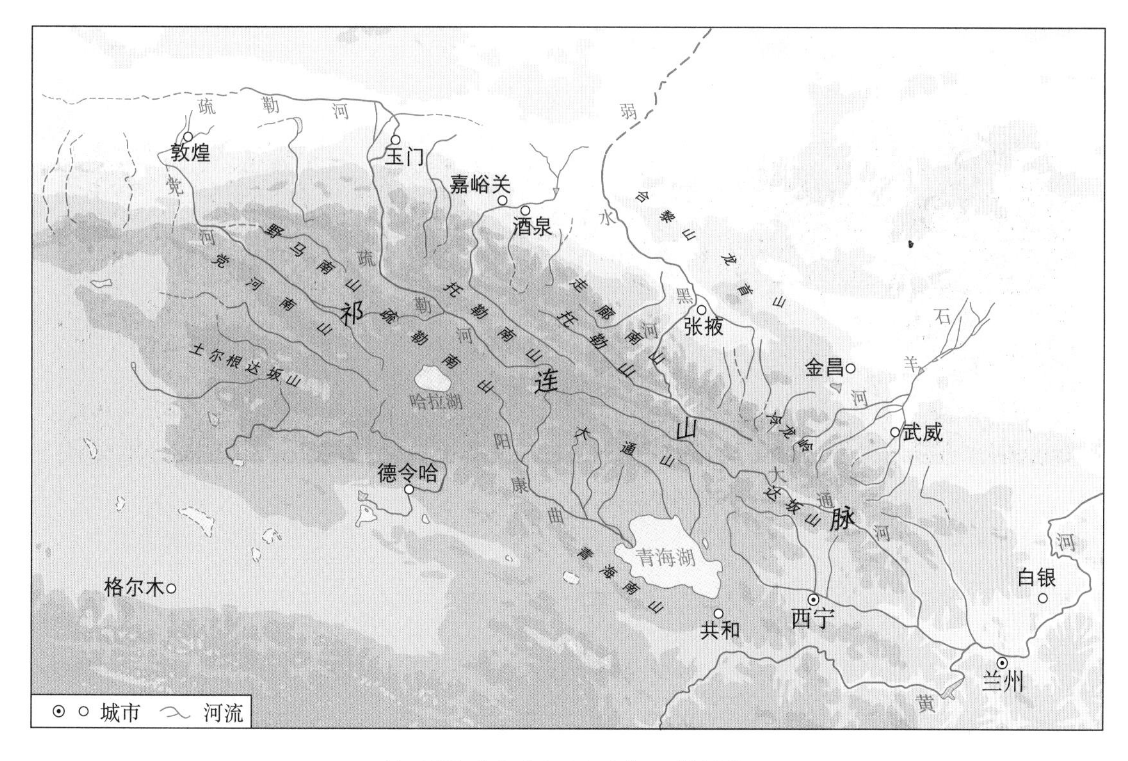

祁连山与河西走廊经历的沧桑

且这种影响可以跨越时空，一个地区内某个或某些要素的变化会对其他地区产生影响，以前、现在的变化也会影响未来。随着社会生产力和科学技术的进步，人类活动这把双刃剑，既可以促进生态系统整体进行良性循环，也可能打破某种生态平衡。

历史上，祁连山山顶白雪皑皑，山坡林木茂盛，山下水草丰茂。但是由于毁林开矿、过度放牧等不合理的人类活动，祁连山地表被破坏，植被锐减，水土流失加剧，进而导致河西走廊河湖水量减少、草场退化和土地沙化加剧，生态系统失衡。

经过关矿还林还草，黑河、石羊河等流域综合治理，防沙治沙，发展节水农业……如今，祁连山地区山秀、水清、林密、田良的生态画卷再次铺展开来。

生态修复是一个长期的过程。因此，人类在发展经济过程中，应该统

修复后的祁连山，山绕清溪水绕城

筹兼顾，保护优先。山、水、林、田、湖、草、沙与人类同呼吸，共命运，是不可分割的生命共同体，人类唯有敬畏自然、顺应自然，推进低碳发展、绿色发展、循环发展，才能畅想未来天更蓝、山更绿、水更清，人与自然、人与人、人与社会和谐共生。

·信息卡·

黄河变形记

2022 年央视新闻客户端推出《这十年》纪录片，其中《美丽的中国》一集展现了近十年间，绿进沙退，“黄河绿线”一点点向西挺进，黄河泥沙含量锐减，悄然出现变清态势。从内蒙古自治区托克托县河口镇到河南荥阳市桃花峪，黄河中游已然一河清水；直到开封以下，黄河才呈浅黄色。在非汛期，黄河 80% 以上的河段是清的。

第六章 青山依旧笑春风

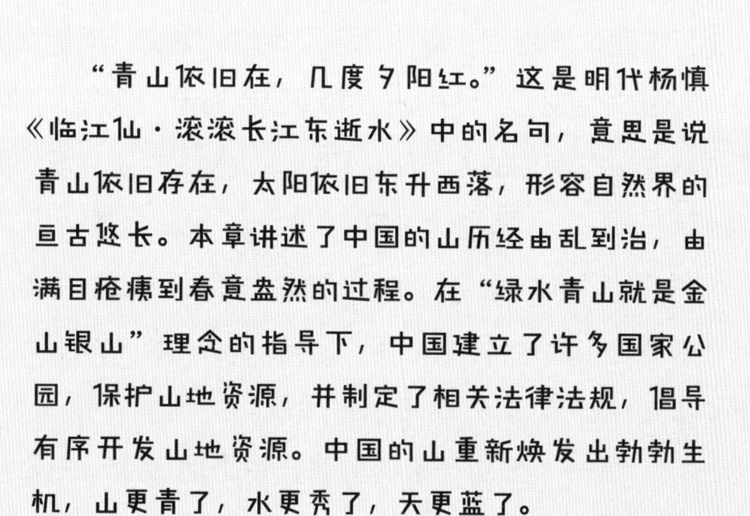

“青山依旧在，几度夕阳红。”这是明代杨慎《临江仙·滚滚长江东逝水》中的名句，意思是说青山依旧存在，太阳依旧东升西落，形容自然界的亘古悠长。本章讲述了中国的山历经由乱到治，由满目疮痍到春意盎然的过程。在“绿水青山就是金山银山”理念的指导下，中国建立了许多国家公园，保护山地资源，并制定了相关法律法规，倡导有序开发山地资源。中国的山重新焕发出勃勃生机，山更青了，水更秀了，天更蓝了。

第一节　满目疮痍灾害生

中国地域辽阔，地形类型多样。但山区地震、山洪、泥石流等自然灾害时有发生，造成部分山体满目疮痍，破败不堪。这些灾害不仅严重破坏了山区生态系统和自然环境，还威胁到人和动植物的生存环境。

山崩地裂地震来

地震是山区常见的自然灾害之一，看似稳固的大地为何会震动，地震到底是怎么发生的呢？

其实，地震的发生和地球的板块运动有关，板块与板块之间相互挤压碰撞，造成板块边缘及板块内部产生错动和破裂，进而带动周边岩层跟着震动，震动从震源传向地表，造成山崩地裂，进而可能导致山体滑坡、房屋坍塌、道路受损、人员被困等原生灾害。地震还会引发河道两侧山体滑坡，滑坡体落入河道后形成拦水堤坝，易使河水聚集成堰塞湖，而堰塞湖一旦决口会形成洪灾，带来次生灾害。地震还可能引起泥石流、火灾、海啸等其他次生灾害，有时次生灾害造成的人员伤亡和经济损失比原生灾害还要严重。

地震并不限于山区。据统计，自 20 世纪以来，全球 7 级以上的强震，约 35% 发生在中国。为何中国“大地震”如此之多？原因是中国位于世界两大地震带——环太平洋地震带与欧亚地震带之间，受太平洋板块、印度洋板块和菲律宾海板块的挤压，地震断裂带十分活跃。中国地震频率高、强度大、震源浅、分布广，是一个震灾严重的国家。中国地震活动主要分布在五个地区：台湾及其附近海域、东南沿海、西南地区、西北地区和华北地区。

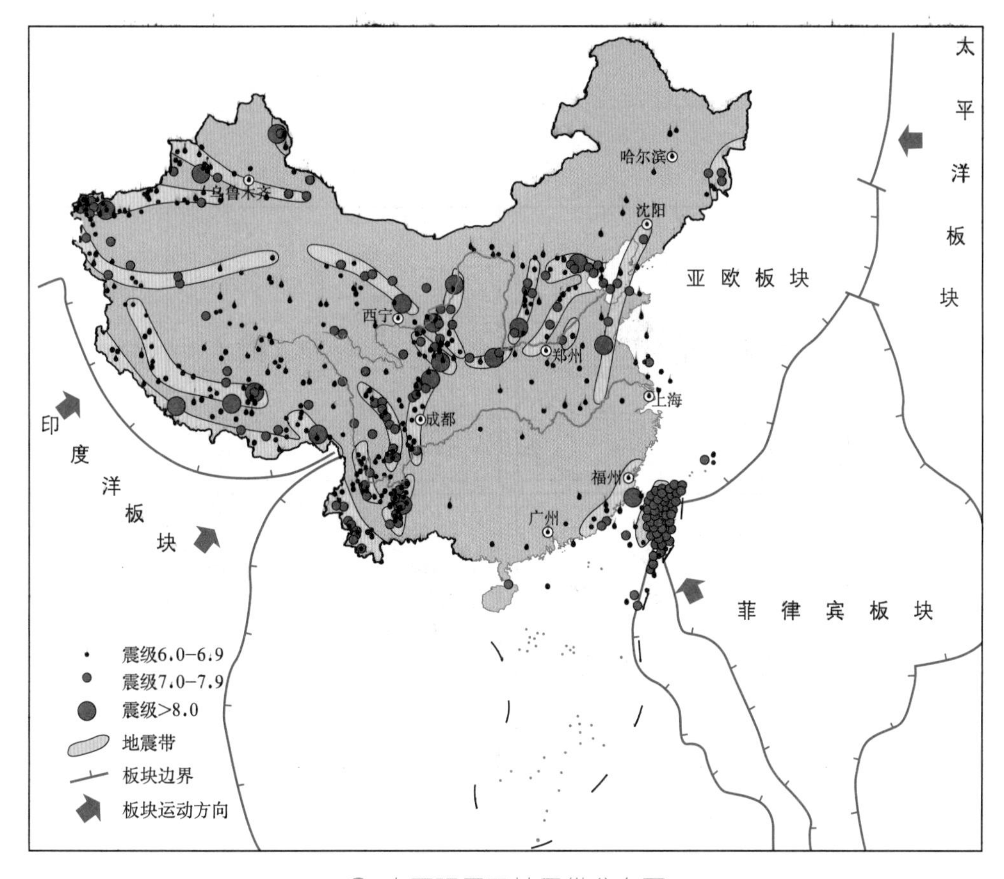

中国强震及地震带分布图

强烈地震会造成重大人员伤亡和经济损失。例如，2008 年 5 月 12 日，四川省汶川县发生 8.0 级地震，影响范围包括四川、甘肃、陕西等 10 个省，灾区总面积约 50 万平方千米，近 7 万人遇难，1.8 万人失踪，37 万余人受伤，造成直接经济损失 8000 多亿元。

为了减少地震造成的损失，人们想方设法缓解灾情，并采取了一定的防范措施。但由于地震最初发生在地壳的内部，就现在的科学水平而言，人类还无法动态监测到地球深部的环境变化和地震发生的过程，因此目前还无法准确预测地震的发生，只能做到提前预警。

地震预警时间一般只有数秒到数十秒，人们在收到地震预警后，应当不慌乱，保持镇静。地震发生时，室外的人可就近撤离到空旷处，要远离高大建筑物，避开危险物或悬挂物；而室内的人可躲在结实、不易倾倒的物体下方，或有支撑的小空间中。地震结束后，应尽快撤离到安全的地方。

地震避险注意事项

汹涌湍急的泥石流

除了地震，泥石流也是山区常见的自然灾害之一。泥石流是指在山区或者其他沟谷深壑、地形险峻的地区，因为暴雨或其他自然灾害引发的山体滑坡，是挟带有大量泥沙及石块的特殊洪流。

因自然原因引发的泥石流，一般同时具备以下三个条件：陡峻的地形、丰富的松散物质、短时间内大量的水。地形陡峻的山谷便于水流汇集；沟谷斜坡表层岩层结构疏松，有厚度较大的松散土石堆积物；水既是泥石流的重要组成部分，又是泥石流的重要激发条件和动力来源。泥石流的水源有暴雨、大量冰雪融水等。

泥石流有时作为地震的次生灾害发生，地震造成山体松动、岩石碎裂，再经过暴雨或山洪后便可能引发泥石流。此外，不合理开挖、滥伐乱垦等人为原因也会诱发泥石流。

泥石流常与山洪相伴，来势凶猛。在很短的时间里，大量泥沙、石块伴着洪水横冲直撞，冲出山沟，所到之处皆成为一片泥沙的海洋，它能掩埋房屋、庄稼、人畜等，摧毁各种设施，冲毁道路，堵塞河道，甚至淤埋村庄、城镇，给人民生命财产和经济建设带来极大危害。如 2010 年 8 月 7 日，甘肃省甘南藏族自治州舟曲县突降特大暴雨，县城北面的罗家峪、三眼峪泥石流下泄，由北向南冲向县城，泥石流流经区域被夷为平地。

泥石流过后的场景

泥石流和山洪有相似之处，但在逃生方法上却并不同。发生泥石流时，该如何逃生呢？泥石流发生时，人们不能顺着泥石流的流向跑，而是要向两侧山坡跑，尽快离开沟道、河谷地带；不能爬树躲避，因为泥石流威力巨大，会摧毁树木；不往土厚的地带跑，要向地质坚硬的岩石地带逃生等。

泥石流固然可怕，但人们只要认识到泥石流发生的条件和行进规律，采取一定的防范措施，便可以将泥石流造成的损失适当降低，比如在山区建设活动中应充分考虑泥石流的因素，在多雨季节不去泥石流多发的山区旅游等。

熊熊烈火山林毁

十年植树难成林，一朝山火前功弃。中国山区林木苍翠，一旦着火，火势很容易借助风力迅速蔓延，形成熊熊烈火，烧毁大片林木。山林火灾突发性强，破坏性大，恢复期长，会破坏野生动植物赖以生存的环境，威胁人民生命财产安全。而山火往往发生在地势崎岖、人烟稀少的山区，交通、通讯不便，灭火设备难以及时到达起火地点，水源大多不充足，给扑救带来了很大的困难。

山林火灾是怎么形成的呢？火灾的形成有三个必要条件：火源、可燃物和危险的天气。这三者缺一不可，因此一般来说只要除去其中一个条件就可以灭火。

火源按性质可分为人为火源和自然火源。人为火源主要有生产性火源（如农、林、牧业生产用火，工矿运输生产用火等）和非生产性用火（如野外吸烟、开垦烧荒、取暖、祭祀烧纸、燃放爆竹等）。在人为火源中，开垦烧荒、野外吸烟、祭祀烧纸引起的山林火灾最多。自然火源主要有雷击火、自燃火、陨石降落起火等，其中最多的是雷击火。绝大多数森林火灾都由人为火源引起，由自然火源引起的山林火灾约占我国山林火灾总数的 1%。

森林中的乔木、灌木、草类、苔藓、地衣、枯枝落叶等都是可燃物。高温干燥加上极端大风，是极易发生火灾的危险天气。然而，可燃物和危

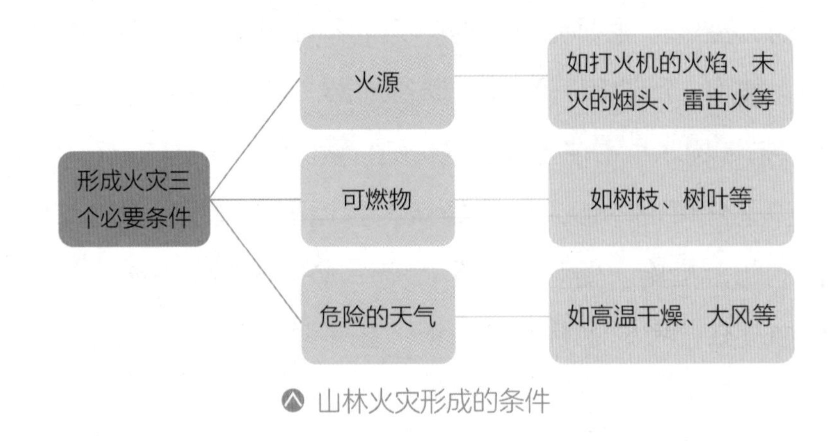

山林火灾形成的条件

险天气不受人类控制，要防止森林火灾，人们能做的就是控制住火源。我们每个人都要树立防火意识、遵守森林防火要求、掌握森林防火知识，筑牢森林“防火墙”。同时，我们应加强森林防火宣传工作，建立健全森林防火制度，加强森林科学技术支持，防患于未然。

山林防火安全提示

除了地震、泥石流和山火，中国山区还有山体滑坡、山洪和火山喷发等其他自然灾害。在山地自然灾害面前，人类是如此渺小，但人类也积极地做了许多工作，如对即将发生地震的地区发布预警，尽可能减少地震带来的危害；在华北林业实验中心建立森林防火综合监控、巡护、指挥平台，用以预防山区火灾发生等。

第二节　取之无度山力竭

唐代陆贽在《均节赋税恤百姓六条》中有言："取之有度，用之有节，则常足；取之无度，用之无节，则常不足。"意思是向百姓征收赋税有限度，使用有节制，国库就会经常充盈；征收无限度，使用无节制，国库则会经常空虚。本节"取之无度山力竭"是指人们以前为了发展经济，过度砍伐树木、无序开采矿产资源、无视草地承载能力而大规模放牧等，对山区资源取之无度，导致山区生态环境被大肆破坏，产生了水土流失、山体塌陷等一系列问题。

山之伤——过度砍伐

山以它的富饶和宽厚，给早期人类提供了可供充饥的野果、可供狩猎的动物，以及可供遮风挡雨的山洞，养育了人类，延续了文明。人们靠山吃山，合理砍伐树木，不会破坏森林生态系统，这是山能承受的"小伤"，在一段时间内树木重新生长，山的"伤口"便会愈合。但是随着人口增长和经济发展，人们过度砍伐山林，导致山"元气大伤"，失去了往昔的生机。

例如，河北省承德市的塞罕坝山区，就曾遭受过度砍伐的伤痛。塞罕坝位于河北省最北部、内蒙古高原浑善达克沙地南缘。历史上，塞罕坝水草丰沛、森林茂密，是一个美丽富饶的山区。从晚清至近代以来，塞罕坝的树木被大肆砍伐，后又遭遇连年战火，到中华人民共和国成立初期，这里的原始森林已荡然无存，塞罕坝地区退化为高原荒丘，只剩"飞鸟无栖树，黄沙遮天日”的荒凉景象。

中华人民共和国成立后，国家在塞罕坝地区建立了国有林场，开始了荒山、荒地植树造林工作。随着区域生态恢复工作的加强，塞罕坝终于重现生机。2002 年塞罕坝被评定为国家 4A 级旅游景区，2007 年其被批准为国家级自然保护区，2017 年其又荣获联合国环保最高荣誉——“地球卫士奖”。三代造林人经过半个多世纪的持续奋斗，在这里建成了世界最大的人工林海，终于把荒漠变成了绿洲，筑起了一座“绿色长城”。如今的塞罕坝林木葱郁、风光迷人，成为守卫京津的重要生态屏障。

生态修复后的塞罕坝

山之损——过度采矿

山区除了拥有丰富的森林资源，还蕴藏着宝贵的矿产资源。随着社会发展，工业生产对矿产资源的需求日益增长，开山采矿成为经济建设的加速器。但矿产资源是非可再生资源，人们毁林挖山，对矿山的无序开采，导致山体千疮百孔，不少山区生态遭到严重破坏。

在安徽省马鞍山市东南，有一处具有百年开采史的巨大矿石坑，它曾是华东地区首屈一指的矿石供应基地。这里原本是一座山，后来成为 210

米深的矿坑，这矿坑宛如一个巨大的漏斗，是中国大地上的“伤疤”。

矿产资源为地方经济发展做出了不可磨灭的贡献，但过度开采产生的巨大污染与生态破坏也需要解决。近年来，人们通过尾矿填充、复垦、打造特色旅游等方法对采矿场进行生态修复。比如马鞍山市在关闭矿山后，启动生态修复工程。矿区生态环境得以逐步改善，昔日的矿坑“变身”为一座巨大的人工湖，这里也被打造为地质公园，成为新的旅游景点。

生态修复后的马鞍山矿坑

山之苦——水土流失

山体肥沃的土壤为树木生长提供了充足的养分，而树木强大的根系又能固定土壤，减少山体地表径流，防止水土流失。此外，树木的枝叶既能减少雨水对土壤的直接冲刷，又能降低风速，减轻风力对土壤的侵蚀。

然而，由于山上的树木遭到过度砍伐，植被覆盖率降低，山体出现土壤过分暴露的现象。此外，山中的矿产被过度开采，造成岩层破裂、山体松动，山区的生态环境被严重破坏。雨季来临时，山体被雨水直接冲刷，大量松动的土壤被冲走，导致土壤肥力衰退，同时也易引发水土流失、沙漠化等危害。

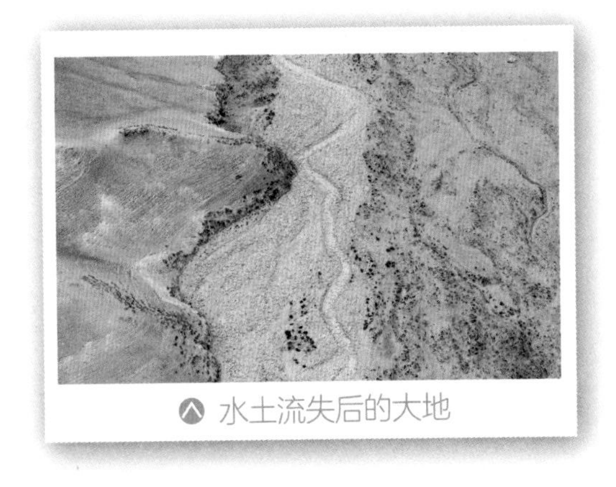

水土流失后的大地

中国是世界上水土流失最严重的国家之一。水利部监测成果显示，2022 年中国水土流失面积 265.34 万平方千米。为了减少水土流失，我国采取了一系列措施，如提升生态建设的科技水平、科学实施小流域综合治理、坚持退耕还林等。

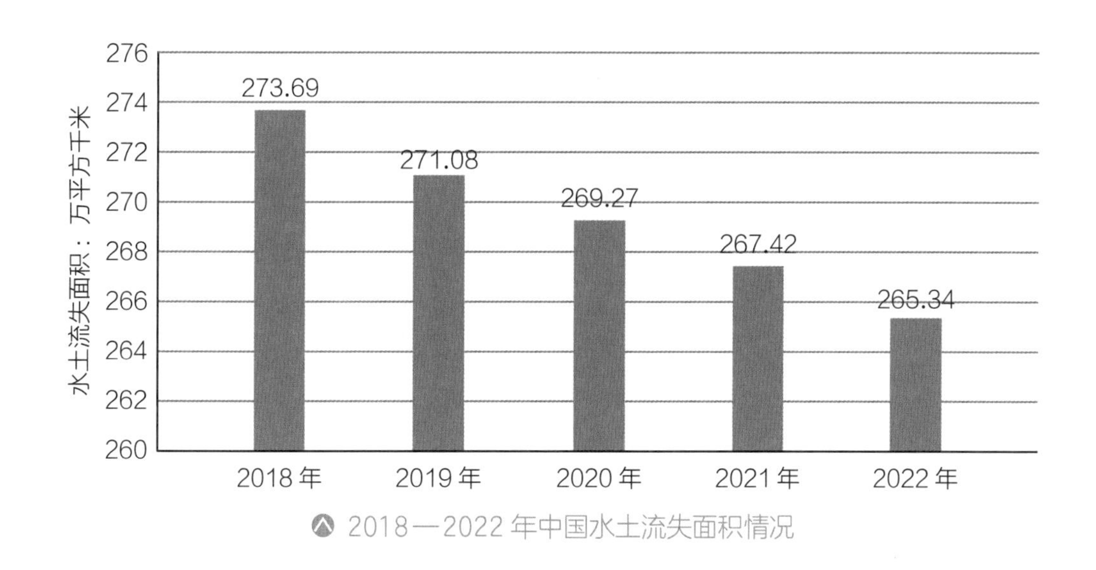

2018—2022 年中国水土流失面积情况

山之难——山体崩塌

山是地壳运动形成的，形成后经过漫长的发展与演化，其结构在达到平衡后，轻易不会发生崩塌。但当山体受到严重破坏后，则容易发生山体崩塌，造成灾难。一般来说，导致山体崩塌的原因有两种，一种是地震、暴雨或长时间连续降雨等自然原因，另一种是人类活动，如不合理的开挖坡脚、挖煤采矿、水库蓄水等，它们容易改变山体原始的平衡状态，诱发山体崩塌，破坏山区生态环境，进而危害人民生命财产安全。

地球是人类赖以生存的家园，山林是家园的重要组成部分。爱护山林，守护人类共同的家园，是我们每个人的责任。一次又一次的自然灾害告诫人类，取之无度，山枯竭、人有劫。人不负青山，青山定不负人。

第三节　千山抱绿育灵秀

山中的地质遗迹为人类记录下大自然的鬼斧神工，丰富多样的物种在山间孕育生息，与绿水青山的秀丽景观一道构成生机勃勃的乐园。为了保护珍贵的地质遗迹，人们建设了世界地质公园。

世界地质公园

提到公园，人们或许首先会想到动物园、植物园……这类公园多是为休闲娱乐、游览观光而建设的，然而还有一些公园具有专属功能，它们在建设、评定和价值上与前面提到的公园大不相同。这类具有专属功能的公园就包括世界地质公园。

世界地质公园由联合国教科文组织选出，是为了更好地保护地球上的地质遗迹而设立的公园。地质遗迹是地球漫长演化过程中形成的典型地质现象，我国地质遗迹资源丰富、分布地域广阔、种类齐全，比如黑龙江的五大连池、云南的腾冲火山群、吉林的长白山火山。截至 2022 年，我国拥有 41 个世界地质公园，是世界上拥有世界地质公园数量最多的国家。

世界地质公园将地球上的天然遗迹保护起来，让这些或壮美、或秀丽、或神秘的地质遗迹得以延续，让人们了解与其形成有关的科学知识、其孕育的文化内涵及衍生的美学意义。地质遗迹还与其他自然要素共同组成了生态安全屏障，成为生态文明建设的重要载体。同时，世界地质公园的建立也促进了经济效益、生态效益、社会效益的全面发展，这便是“抱山之绿”与“育之灵秀”的最佳释义了。

中国的世界地质公园分布图

林草兴则生态兴，生态兴则文明兴，世界地质公园建设是中国生态文明建设的重要举措。世界地质公园的建立，让我国丰富的地质遗迹“活起来”了。

拥有奇山异石的雁荡山世界地质公园

雁荡山位于中国浙江省温州市乐清市境内，以山奇水秀而闻名天下，有“东南第一山”之称，谢灵运、沈括、徐霞客等众多名人都曾在此留下足迹。

雁荡山世界地质公园包括雁荡山园区、方山长屿硐天园区、楠溪江园区，是亚洲大陆边缘巨型火山带中白垩纪破火山的典型代表，是一座流纹质火山岩的天然博物馆。这里记录了 1 亿多年前一座复活型破火山从爆发、塌陷，到复活、隆起的完整地质演化过程，为人类留下了一座天然的“古火山模型”，堪称火山岩地貌的现实“教科书”。什么是“破火山”？火山喷发后，地底岩浆房变空，位于地表的火山锥因失去支撑而整体向下塌陷，这样的火山在地质学上被称为破火山。据科学家介绍，雁荡山火山先后经历了四个时期、数十次的喷发，各类岩石堆叠成巨厚的火山岩层，大约花费了两万多年时间，构成了由下而上的四个岩石地层单元。

生态环境是维持景区生命力的基础。近年来，雁荡山持续开展行业绿色治理，奋力打造“无废景区”生态样本。比如景区游览车采用绿色新能源大巴等节能交通工具，减少污染排放；推行“无纸化”购票，实行线上购

雁荡奇景

票，通过人脸识别技术快速入园；实施水资源生态涵养保护工程，禁止餐饮、宾馆的废水污水直接排放；开展生物多样性调查研究，保护生物多样性等。2021 年，雁荡山荣获浙江省首个“无废景区”称号。

如今的雁荡山世界地质公园重峦叠嶂，千姿百态；奇石五颜六色，形态各异；大小瀑布奇绝，碧水泱泱。优美健康的自然环境也为野生动物的栖息繁衍创造了更好的条件。南飞的秋雁每年在此栖息，为雁荡山的美景更添灵秀之气。

“万物皆得其宜，六畜皆得其长，群生皆得其命。”大自然孕育了人类，人类要以自然为根，尊重自然、顺应自然、保护自然。如今，中国已将“坚持绿色发展，建设生态文明”列为关系人民福祉和民族未来的大计，世界地质公园成为中国生态文明建设的亮丽名片，蕴含了中华儿女对山河家园的美好寄托和祝愿——愿祖国的山河永远秀丽壮阔，灵气盎然！

第四节　摘山有度促发展

“摘山”指对山中的资源进行开发及利用。“摘山”可使国家经济发展、富裕强大，但人们在“摘山”过程中也要把握好度，要科学合理开发山中资源，走可持续发展之路。

摘山发展意义大

中国地大物博，有广阔的平原、浩瀚的海洋，为何还要进行山地开发？《宋史·李继和传》有言：“以朝廷雄富，犹言摘山煮海，一年商利不入，则或缺军需。”由此可知，在古代，开山炼铁、煮海取盐是国家的主要经济来源。自汉武帝时起，盐铁官营制度就已被建立，山泽之利可见一斑。

山区除了琳琅满目的矿产资源，还有丰富的水力资源、生物资源、森林资源、旅游资源等。随着现代经济的发展和人口的增长，人们所需要的资源越来越多，未来山地资源的开发也越来越重要。

山地旅游创特色

为加强对山地资源的保护，我国修订完善了《中华人民共和国土地管理法》《中华人民共和国矿产资源法》《中华人民共和国环境保护法》《中华人民共和国森林法》等法律。随着对山地资源保护力度的加大，近年来，我国山地开发大多转向了景观旅游。如何进行山地旅游资源的特色开发，使山区的经济、社会、生态协同发展呢？目前，人们进行了三方面的摸索。

高山漂流

拓展旅游功能。在当前城市化加速推进的背景下，人们很渴望在闲暇之余能够到大自然中放松心情，因此，民众普遍关注山地旅游资源的开发。山地千年古树、清泉瀑布众多，空气中负氧离子含量高，是天然氧吧。除自然景观外，山中的景区还可以增加运动休闲项目，如溯溪漂流、林地探险、抱石攀岩等，增添游客度假休闲的乐趣。

产业融合发展。中国是茶的故乡，种茶历史悠久，茶树品种众多，这些为生态茶园和观光茶园的建立奠定了良好基础。人们将休闲观光旅游和农业发展融合，开发了如生态茶园、农业采摘园、茶舍民宿等集生产、观光、采摘、休闲娱乐于一体的特色旅游体验模式，实现从观光旅游向体验旅游的转变。

文旅融合发展。随着物质生活水平的提升，很多人去山区旅游时，已经不再满足于传统的看美景、吃美食，还希望能体验山区的特色文化，文

生态茶园

化与旅游融合逐渐成为山地开发的创新点。例如，山东省济宁市的水泊梁山景区，充分挖掘水浒文化，将水浒文化与当地旅游资源充分融合。

科学摘山显成效

过去，由于缺乏科学方法与战略眼光，山地资源的开发模式通常是“先污染、后治理”，但事实证明，这种模式不仅代价不菲，往往还得不偿失。如何既发展了经济，又保护了生态，还使开发别具特色，是很多地方在开发山地资源过程中面临的难题。

洋县生态农业

朱鹮是国家一级保护动物，被动物学家誉为“东方宝石”。它们对生存环境要求苛刻，其栖息地需要同时具备森林系统和湿地系统，森林作为它们的繁殖地和夜宿地，湿地作为它们的觅食场所，两者缺一不可。因此，在朱鹮保护区，人们既不能砍伐林木，也不能捕鱼、挖沙，种植庄稼也不能喷洒农药。陕西省汉中市洋县被称为“朱鹮之乡”。当地政府调整经济结构，通过建设好生态环境促进绿色产业发展。例如，通过与科研机构合作，成立“产、学、研”基地，为产业转型提供人才保障，尝试种植有机稻、有机梨、魔芋等高附加值的农作物等措施……不仅使洋县经济得到了发展，并且获得了高收益，发展后劲更足。

正如宋代朱熹在《四书集注》中所言：“适可而止，无贪心也。”凡事需要把握好度，适可而止，不能贪得无厌、一味索取。只有科学合理地进行山地资源的开发，才能既促进经济发展，使人民富裕，又保护生态，使山地资源得以可持续利用。这才是“绿水青山就是金山银山”发展理念的充分体现。

中国莫干山曾入选《纽约时报》“全球最值得去的45个地方”，请你查阅资料，了解莫干山的开发历史和资源特色。